建筑工程施工技术培训丛书

钢筋工程施工技术

孙占红 主编

U0261271

中国铁道出版社

2019年·北京

内 容 提 要

本书主要内容包括:钢筋工程识图,钢筋计算,钢筋加工施工技术,钢筋连接施工技术,钢筋安装施工技术,预应力钢筋工程施工技术。

本书内容翔实,语言简洁,重点突出,力求做到图文并茂,表述准确,取值有据,具有较强的指导性和可操作性,是建筑工程项目各级工程技术人员、工程建设监理人员、施工操作人员等必备工具书,也可以作为大中专院校相关专业及建筑施工企业职工培训教材。

图书在版编目(CIP)数据

钢筋工程施工技术/孙占红主编. —北京:中国铁道出版社,2012.11(2019.1重印)
(建筑工程施工技术培训丛书)
ISBN 978-7-113-15589-6

Ⅰ.①钢… Ⅱ.①孙… Ⅲ.①配筋工程—工程施工—技术培训—教材
Ⅳ.①TU755.3

中国版本图书馆 CIP 数据核字(2012)第 253215 号

书　　名:	建筑工程施工技术培训丛书
	钢筋工程施工技术
作　　者:	孙占红

策划编辑:江新锡　曹艳芳
责任编辑:冯海燕　张荣君　　电话:010-51873193
封面设计:郑春鹏
责任校对:王　杰
责任印制:郭向伟

出版发行:中国铁道出版社(100054,北京市西城区右安门西街8号)
网　　址:http://www.tdpress.com
印　　刷:三河市宏盛印务有限公司
版　　次:2012年11月第1版　2019年1月第2次印刷
开　　本:787mm×1092mm　1/16　印张:11.75　字数:289千
书　　号:ISBN 978-7-113-15589-6
定　　价:35.00元

前　言

　　我国经济建设飞速发展，城乡建设规模日益扩大，建筑施工队伍不断增加。建筑工程基层施工人员肩负着重要的施工职责，他们将图纸上的建筑线条和数据，一砖一瓦建成实实在在的建筑空间。基层施工人员的技术水平的高低，直接关系到工程项目施工的质量和效率，关系到建筑物的经济效益和社会效益，关系到使用者的生命和财产安全，关系到企业的信誉、前途和发展。为此我们特组织编写该套《建筑工程施工技术培训丛书》。

　　本丛书不仅涵盖了先进、成熟、实用的建筑工程施工技术，还包括了现代新材料、新技术、新工艺和环境、职业健康安全、节能环保等方面的知识，力求做到技术内容最新、最实用，文字通俗易懂，语言生动，并辅以大量直观的图表，能满足不同文化层次的技术工人和其他读者的需要。

　　本丛书在编写上充分考虑了施工人员的知识需求，形象具体地阐述施工的要点及基本方法，以使读者从理论知识和技能知识两方面掌握关键点，满足施工现场所应具备的技术及操作岗位的基本要求，使刚入行的施工人员与上岗"零距离"接口，尽快入门。

　　《建筑工程施工技术培训丛书》共分 6 个分册，包括：《钢筋工程施工技术》、《防水工程施工技术》、《混凝土工程施工技术》、《脚手架及模板工程施工技术》、《砌体工程施工技术》、《装饰装修工程施工技术》。

　　本丛书所涵盖的内容全面，真正做到了内容的广泛性与结构的系统性相结合，让复杂的内容变得条理清晰，主次分明，有助于广大读者更好地理解和应用。

　　本丛书涉及施工、质量验收、安全生产等一系列生产过程中的技术问题，内容翔实易懂，最大限度地满足了广大施工人员对施工技术方面知识的需求。

　　参加本丛书的编写人员有王林海、孙培祥、栾海明、孙占红、宋迎迎、张正南、武旭日、张学宏、孙欢欢、王双敏、王文慧、彭美丽、李仲杰、李芳芳、乔芳芳、张凌、蔡丹丹、许兴云、张亚、张婧芳、叶梁梁、李志刚、朱天立、贾玉梅、白二堂等。

　　由于我们编写水平有限，书中的缺点在所难免，希望同行和读者给予指正。

编　者
2012 年 10 月

目　　录

第一章　钢筋工程识图

第一节　基础构件识图

一、独立基础

（1）独立基础的表示方法见表 1-1。

表 1-1　独立基础的表示方法

项目	内　容
基础平面	在基础平面中表示出墙体或柱的轮廓线、基础轮廓线、基础宽度和基础平面位置，标注定位轴线与定位轴线之间的距离。 　　具体包括：①图名和比例；②纵、横向定位轴线及编号、轴线尺寸；③基础墙、柱的平面布置，基础底面形状、大小及其轴线的关系；④基础的编号、基础断面图的剖切位置及其编号
基础详图	基础详图中反映剖切位置处基础的类型、构造和钢筋混凝土的配筋情况，所有材料的强度，钢筋的种类、数量和分布情况等，如图 1-1 和图 1-2 所示。可以看出，基础底板底部配置 HPB400 级钢筋，X 向直径为 20 mm，分布间距为 150 mm；Y 向直径为 20 mm，分布间距为 150 mm

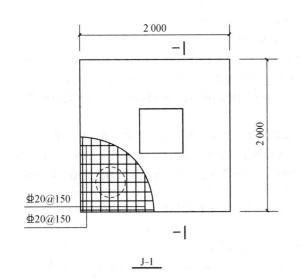

图 1-1　基础详图平面

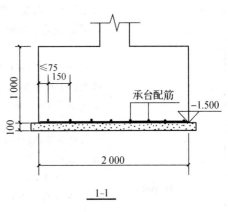

图 1-2　基础详图剖面

（2）独立基础的平面注写方式见表 1-2。

表 1-2 独立基础的平面注写方式

项目		内　　容
集中标注	基础编号	独立基础底板的截面形状通常有两种： （1）阶形截面编号加下标"J"，如 $DJ_J\times\times$、$BJ_J\times\times$； （2）坡形截面编号加下标"P"，如 $DJ_p\times\times$、$BJ_p\times\times$
	基础截面竖向尺寸	（1）普通独立基础。 1）当基础为阶形截面时，注写为 $h_1/h_2/\cdots$ 各阶尺寸自下而上用"/"分隔顺写。当基础为单阶时，其竖向尺寸仅为一个，且为基础总厚度。 2）当基础为坡形截面时，注写为 h_1/h_2。 （2）杯口独立基础。 1）当基础为阶形截面时，其竖向尺寸分两组，一组表达杯口内，另一组表达杯口外，两组尺寸以","分隔，注写力：a_0/a_1，$h_1/h_2/\cdots$，其中杯口深度 a_0 为柱插入杯口的尺寸加 50 mm。 2）当基础为坡形截面时，注写为：a_0/a_1，$h_1/h_2/h_3\cdots$，其中 h_2 表示坡形面的垂直高度
	基础配筋	（1）注写独立基础底板配筋。普通独立基础和杯口独立基础的底部双向配筋注写规定如下： 1）以 B 代表各种独立基础底板的底部配筋； 2）X 向配筋以 X 打头、Y 向配筋以 Y 打头注写；当两向配筋相同时，则以 X&Y 打头注写。 （2）注写杯口独立基础顶部焊接钢筋网。以 Sn 打头引注杯口顶部焊接钢筋网的各边钢筋。当双杯口独立基础中间杯壁厚度小于 400 mm 时，在中间杯壁中配置构造钢筋见相应标准构造详图，设计不注。 （3）注写高杯口独立基础的杯壁外侧和短柱配筋。具体注写规定如下。 1）以 O 代表杯壁外侧和短柱配筋。 2）先注写杯壁外侧和短柱纵筋，再注写箍筋。注写为：角筋/长边中部筋/短边中部筋，箍筋（两种间距）；当杯壁水平截面为正方形时，注写为：角筋/x 边中部筋/y 边中部筋，箍筋（两种间距，杯口范围内箍筋间距/短柱范围内箍筋间距）。 3）对于双高杯口独立基础的杯壁外侧配筋，注写形式与单高杯口相同，施工区别在于杯壁外侧配筋为同时环住两个杯口的外壁配筋。当双高杯口独立基础壁厚度小于 400 mm，在中间杯壁中配置构造钢筋见相应标准构造详图，设计不注
	深基础	当独立基础埋深较大，设置短柱时，短柱配筋应注写在独立基础中。具体注写规定如下： （1）以 DZ 代表普通独立深基础短柱； （2）先注写短柱纵筋，再注写箍筋，最后注写短柱标高范围。注写为，角筋/长边中部筋/短边中部筋，箍筋，短柱标高范围；当短柱水平截面为正方形时，注写为，角筋/x 边中部筋/y 边中部筋，箍筋，短柱标高范围

续上表

项目		内　　　　容
原位标注	普通独立基础	原位标注 x、y，x_c、y_c（或圆柱直径以），x_i、y_i，$i=1$，2，3…。其中，x、y 为普通独立基础两向边长，x_c、y_c 为柱截面尺寸，x_i、y_i 为阶宽或坡形平面尺寸（当设置短柱时，尚应标注短柱的截面尺寸）
	杯口独立基础	原位标注 x、y，x_u、y_u，t_i，x_i、y_i，$i=1,2,3\cdots$。其中，x、y 为杯口独立基础两向边长，x_u、y_u 为杯口上口尺寸，t_i 为杯壁厚度，x_i、y_i 为阶宽或坡形截面尺寸。 杯口上口杯口下口尺寸 x_u、y_u，按柱截面边长两侧双向各加 75 mm；按标准构造详图（为插入杯口的相应柱截面边长尺寸，每边各加 50 mm），设计不注。高杯口独立基础原位标注与杯口独立基础完全相同

二、桩基承台

（1）桩基承台的表示方法见表 1-3。

表 1-3　桩基承台的表示方法

项目	内　　　　容
基础平面	在基础平面中表示出墙体或柱的轮廓线、基础轮廓线、基础宽度和基础平面位置，标注定位轴线与定位轴线之间的距离。 具体包括：①图名和比例；②纵、横向定位轴线及编号、轴线尺寸；③基础墙、柱的平面布置，基础底面形状、大小及其轴线的关系；④桩基承台与桩位的位置关系；⑤基础的编号、基础断面图的剖切位置及其编号
基础详图	基础详图中反映剖切位置处基础的类型、构造和钢筋混凝土的配筋情况，所有材料的强度，钢筋的种类、数量和分布情况等，如图 1-3 和图 1-4 所示。可以看出，坡形截面独立承台的标高、竖向尺寸以及底部双向配筋

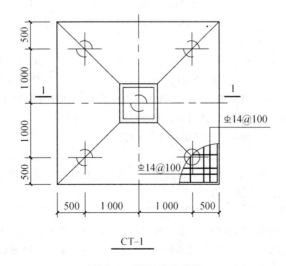

图 1-3　基础详图平面

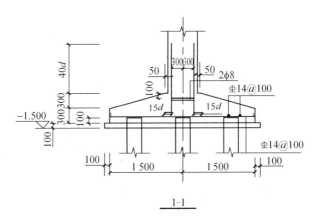

图 1-4　基础详图剖面

（2）桩基承台的平面注写方式见表 1-4。

表 1-4　桩基承台的平面注写方式

项目		内　容
集中标注	承台编号	独立承台的截面形式通常有两种： （1）阶形截面，编号加下标"J"，如 CT_J××； （2）坡形截面，编号加下标"P"，如 CT_p××
	承台截面竖向尺寸	（1）独立承台为阶形截面时，当为多阶时各阶尺寸自下而上用"/"分隔顺写。当阶形截面独立承台为单阶时，截面竖向尺寸仅为一个，且为独立承台总厚度。 （2）独立承台为坡形截面时，截面竖向尺寸注写为 h_1/h_2
	承台配筋	底部与顶部双向配筋应分别注写，顶部配筋仅用于双柱或四柱等独立承台. 当独立承台顶部无配筋时则不注顶部。注写规定如下： （1）以 B 打头注写底部配筋，以 T 打头注写顶部配筋； （2）矩形承台 X 向配筋以 X 打头，Y 向配筋以 Y 打头：当两向配筋相同时，则以 X&Y 打头； （3）当为等边三桩承台时，以"△"打头，注写三角布置的各边受力钢筋（注明根数并在配筋值后注写"×3"），在"/"后注写分布钢筋； （4）当为多边形（五边形或六边形）承台或异形独立承台，且采用 X 向和 Y 向正交配筋时，注写方式与矩形独立承台相同； （5）两桩承台可按承台梁进行标注
	基础底面标高	当独立承台的底面标高与桩基承台底面基准标高不同时，应将独立承台底面标高注写在括号内
	必要的文字注解	当独立承台的设计有特殊要求时，宜增加必要的文字注解。例如，当独立承台底部和顶部均配置钢筋时，注明承台板侧面是否采用钢筋封边以及采用何种形式的封边构造

续上表

项目		内　　容
原位标注	矩形独立承台	原位标注 x、y、x_c、y_c（或圆柱直径 d_c），x_i、y_i、a_i、b_i，$i=1,2,3\cdots$。其中，x、y 为独立承台两向边长，x_c、y_c 为柱截面尺寸，x_i、y_i 为阶宽或坡形平面尺寸，a_i、b_i 为桩的中心距及边距（a_i、b_i 根据具体情况可不注）
	三桩承台	结合 X、Y 双向定位，原位标注 x 或 y、x_c、y_c（或圆柱直径 d_c），x_i、y_i，$i=1,2,3\cdots$，a。其中，x 或 y 为三桩独立承台平面垂直于底边的高度，x_c、y_c 为柱截面尺寸，x_i、y_i 为承台分尺寸和定位尺寸，a 为桩中心距切角边缘的距离
	多边形独立承台	结合 X、Y 双向定位，原位标注 x 或 y、x_c、y_c（或圆柱直径 d_c），x_i、y_i、a_i，$i=1,2,3\cdots$。具体设计时，可参照矩形独立承台或三桩独立承台的原位标注规定

三、条形基础

（1）条形基础的表示方法见表1-5。

表 1-5　条形基础的表示方法

项目	内　　容
基础平面	在基础平面中表示出墙体或柱的轮廓线、基础轮廓线、基础宽度和基础平面位置，标注定位轴线与定位轴线之间的距离。 具体包括：①图名和比例；②纵、横向定位轴线及编号、轴线尺寸；③基础墙、柱的平面布置，基础底面形状、大小及其轴线的关系；④桩基承台与桩位的位置关系；⑤基础梁的位置及其代号（用于有梁条形基础）；⑥基础的编号、基础断面图的剖切位置及其编号
基础详图	基础详图中应正确反映剖切位置处基础的类型、构造和钢筋混凝土的配筋情况，所有材料的强度，钢筋的种类、数量和分布情况等，如图1-5所示。可以看出，底部横向受力钢筋的直径 12 mm，间距 150 mm；底部构造钢筋的直径是 8 mm，间距 250 mm

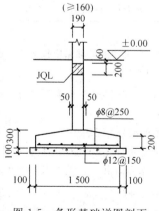

图 1-5　条形基础详图剖面

（2）条形基础的平面注写见表1-6。

表 1-6 条形基础底板的平面注写方式

项目		内　容
集中标注	底板编号	条形基础底板向两侧的截面形状通常有两种： (1) 阶形截面，编号加下标"J"，如 TJB$_J$××（××）； (2) 坡形截面，编号加下标"P"，如 TJB$_P$××（××）
	底板截面竖向尺寸	(1) 当条形基础底板为坡形截面时，注写为 h_1/h_2。 (2) 当条形基础底板为阶形截面时，单阶只有一个尺寸，当为多阶时各阶尺寸自而向上以"/"分隔顺写
	底板底部及顶部配筋	以 B 打头，注写条形基础底板底部的横向受力钢筋；以 T 打头，注写条形基础底板顶部的横向受力钢筋；注写时，用"/"分隔条形基础底板的横向受力钢筋与构造配筋
	底板底面标高	当条形基础底板的底面标高与条形基础底面基准标高不同时，应将条形基础底板底面标高注写在"（　　）"内
	必要的文字注解	当条形基础底板有特殊要求时，应增加必要的文字注解
原位标注	底板的平面尺寸	原位标注 b、b_i，$i=1,2,\cdots$。其中，b 为基础底板总宽度，b_i 为基础底板台阶的宽度。当基础底板采用对称于基础梁的坡形截面或单阶形截面时，b_i 可不注。 素混凝土条形基础底板的原位标注与钢筋混凝土条形基础底板相同。对于相同编号的条形基础底板，可仅选择一个进行标注。 梁板式条形基础存在双梁共用同一基础底板、墙下条形基础也存在双墙共用同一基础底板的情况，当为双梁或为双墙且梁或墙荷载差别较大时，条形基础两侧可取不同的宽度，实际宽度以原位标注的基础底板两侧非对称的不同台阶宽度 b_i 进行表达
	修正内容	当在条形基础底板上集中标注的某项内容，如底板截面竖向尺寸、底板配筋、底板底面标高等，不适用于条形基础底板的某跨或某外伸部分时，可将其修正内容原位标注在该跨或该外伸部位，施工时原位标注取值优先

四、基础梁

基础梁的表示方法见表 1-7。

表 1-7 基础梁的表示方法

项目	内　容
基础梁的构件编号	在平法施工图中，各类型的基础梁应按表 1-8 进行编号。梁编号由梁类型代号、序号、跨数及有无外伸代号
基础梁 JL 与基础次梁 JCL 的集中标注	应在第一跨（X 向为左端跨，Y 向为下端跨）引出指示线，集中标注的内容共有 6 项，各项含义如图 1-6 所示。 (1) 注写基础梁的编号，见表 1-8。 (2) 注写基础梁的截面尺寸。以 $b\times h$ 表示基础梁截面宽度与高度；当为加腋梁时，用 $b\times h\ Y_{c_1\times c_2}$ 表示，其中 c_1 为腋长，c_2 为腋高。 (3) 注写基础梁的箍筋。 1) 当采用一种箍筋间距时，注写钢筋级别、直径、间距与肢数（写在括号内）。 2) 当采用两种箍筋时，用"/"分隔不同箍筋，按照从基础梁两端向跨中的顺序注写。先注写第 1 段箍筋（在前面加注箍数）。在斜线后再注写第 2 段箍筋（不再加注箍数）。

项　目	内　　　容
基础梁 JL 与基础次梁 JCL 的集中标注	施工时应注意：两向基础主梁相交的柱下区域，应有一向截面较高的基础主梁按梁端箍筋贯通设置；当两向基础主梁高度相同时，任选一向基础主梁箍筋贯通设置。 　　（4）注写基础梁的底部、顶部及侧面纵向钢筋。 　　1）以 B 打头，先注写梁底部贯通纵筋（不应少于底部受力钢筋总截面面积的 1/3）。当跨中所注根数少于箍筋肢数时，需要在跨中加设架立筋以固定箍筋，注写时，用加号"＋"将贯通纵筋与架立筋相联，架立筋注写在加号后面的括号内。 　　2）以 T 打头，注写梁顶部贯通纵筋值。注写时用分号"："将底部与顶部纵筋分隔开，如有个别跨与其不同，按相关图集处理。 　　3）当梁底部或顶部贯通纵筋多于一排时，用斜线"/"将各排纵筋自上而下分开。 　　4）以大写字母 G 打头注写基础梁两侧面对称设置的纵向构造钢筋的总配筋值（当梁腹板高度 h_w 不小于 450 mm 时，根据需要配置）。 　　（5）注写基础梁底面标高高差（系指相对于筏形基础平板底面标高的高差值），该项为选注值。有高差时需将高差写入括号内（如"高板位"与"中板位"基础梁的底面与基础平板底面标高的高差值）；无高差时不注（如"低板位"筏形基础的基础梁）
基础梁 JL 与基础次梁 JCL 的原位标注	（1）注写梁端（支座）区域的底部全部纵筋。系包括已经集中注写过的贯通纵筋在内的所有纵筋。 　　1）当梁端（支座）区域的底部纵筋多于一排时，用斜线"/"将各排纵筋自上而下分开。 　　2）当同排纵筋有两种直径时，用加号"＋"将两种直径的纵筋相连。 　　3）当梁中间支座两边的底部纵筋配置不同时，须在支座两边分别标注；当梁中间支座两边的底部纵筋相同时，可仅在支座的一边标注配筋值。 　　4）当梁端（支座）区域的底部全部纵筋与集中注写过的贯通纵筋相同时，可不再重复做原位标注。 　　5）加腋梁加腋部位钢筋，需在设置加腋的支座处以 Y 打头注写在括号内。 　　设计时应注意：当对底部一平的梁支座两边的底部非贯通纵筋采用不同配筋值时，应先按较小一边的配筋值选配相同直径的纵筋贯穿支座，再将较大一边的配筋差值选配适当直径的钢筋锚入支座，避免造成两边大部分钢筋直径不相同的不合理配置结果。 　　施工及预算方面应注意：当底部贯通纵筋经原位修正注写后，两种不同配置的底部贯通纵筋应在两毗邻跨中配置较小一跨的跨中连接区域连接（即配置较大一跨的底部贯通纵筋需越过其跨数终点或起点伸至毗邻跨的跨中连接区域。具体位置见标准构造详图）。 　　（2）注写基础梁的附加箍筋或（反扣）吊筋。将其直接画在平面图中的主梁上，用线引注总配筋值（附加箍筋的肢数注在括号内），当多数附加箍筋或（反扣）吊筋相同时，可在基础梁平法施工图上统一注明，少数与统一注明值不同时，再原位引注。 　　施工时应注意：附加箍筋或（反扣）吊筋的几何尺寸应按照标准构造详图，结合其所在位置的主梁和次梁的截面尺寸确定。

续上表

项　目	内　　　容
基础梁 JL 与基础次梁 JCL 的原 位标注	（3）当基础梁外伸部位变截面高度时，在该部位原位注写 $b \times h_1/h_2$，h_1 为根部截面高度，h_2 为尽端截面高度。 　　（4）注写修正内容。当在基础梁上集中标注的某项内容（如梁截面尺寸、箍筋、底部与顶部贯通纵筋或架立筋、梁侧面纵向构造钢筋、梁底面标高高差等）不适用于某跨或某外伸部分时，则将其修正内容原位标注在该跨或该外伸部位，施工时原位标注取值优先。 　　当在多跨基础梁的集中标注中已注明加腋，而该梁某跨根部不需要加腋时，则应在该跨原位标注等截面的 $b \times h$，以修正集中标注中的加腋信息

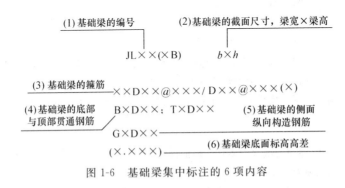

图 1-6　基础梁集中标注的 6 项内容

表 1-8　基础梁编号

构件类型	代号	序号	跨数及有否外伸
基础梁	JL	××	（××）或（××A）或（××B）
基础次梁	JCL	××	（××）或（××A）或（××B）

注：（××A）为一端外伸，（××B）为两端外伸，外伸不计入跨数。例如，JL5（4A）表示第 5 号基础梁，4 跨，一端有外伸。

五、筏形基础

（1）筏形基础的表示方法见表 1-9。

表 1-9　筏形基础的表达方法

项　目	内　　　容
基础平面	在基础平面中表示出墙体或柱的轮廓线、基础轮廓线、基础宽度和基础平面位置，标注定位轴线与定位轴线之间的距离。 　　具体包括：①图名和比例；②纵、横向定位轴线及编号、轴互尺寸；③基础墙、柱的平面位置，基础底面形状、大小及其轴线的关系；④基础的编号、基础断面图的剖切位置及其编号
基础详图	基础详图中反映剖切位置处基础的类型、构造和钢筋混凝土的配筋情况，所有材料的强度，钢筋的种类、数量和分布情况等，如图 1-7 所示。筏形基础钢筋的配置通常还按传统的配置方式，图中可以看出通长筋的级别、直径以及间距。板块底筋和板块附筋以板筋线图例绘制，绘制范围即为布置区域，绘制方向即为布置方向

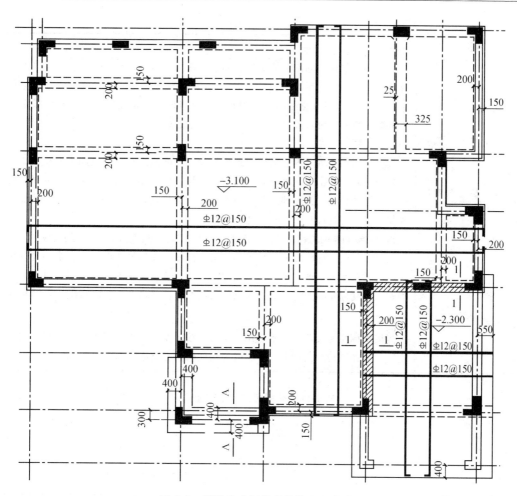

图 1-7　筏形基础钢筋的传统配置方式

（2）梁板式筏形基础的平面注写方式见表 1-10。

表 1-10　梁板式筏形基础的平面注写方式

<table>
<tr><th colspan="2">项　目</th><th>内　　容</th></tr>
<tr><td rowspan="4">集中标注</td><td>基础构件的编号</td><td>梁板式筏形基础由基础主梁，基础次梁，基础平板等构成，编号按表 1-11 的规定</td></tr>
<tr><td>基础平板的截面尺寸</td><td>注写 h＝×××表示板厚</td></tr>
<tr><td>基础平板的贯通纵筋</td><td>先注写 X 向底部（B 打头）贯通纵筋与顶部（T 打头）贯通纵筋及纵向长度范围；再注写 Y 向底部（B 打头）贯通纵筋与顶部（T 打头）贯通纵筋及纵向长度范围（图面从左至右为 X 向，从下至上为 Y 向）。
贯通纵筋的总长度注写在括号中，注写方式为"跨数及有无外伸"，其表达形式为：（××）（无外伸）、（××A）（一端有外伸）或（××B）（两端有外伸）。
当贯通筋采用两种规格钢筋"隔一布一"方式时，表达为 φxx/yy@×××，表示直径 xx 的钢筋和直径 yy 的钢筋之间的间距为×××，直径为 xx 的钢筋、直径为 yy 的钢筋间距分别为×××的 2 倍</td></tr>
</table>

项目		内　　　容
原位标注	注写位置及内容	板底部原位标注的附加非贯通纵筋，应在配置相同跨的第一跨表达（当在基础梁悬挑部位单独配置时则在原位表达）。在配置相同跨的第一跨（或基础梁外伸部位），垂直于基础梁绘制一段中粗虚线（当该筋通长设置在外伸部位或短跨板下部时，应画至对边或贯通短跨），在虚线上注写编号（如①、②等）、配筋值、横向布置的跨数及是否布置到外伸部位。 　　板底部附加非贯通纵筋向两边跨内的伸出长度值注写在线段的下方位置。当该筋向两侧对称伸出时，可仅在一侧标注，另一侧不注；当布置在边梁下时，向基础平板外伸部位一侧的伸出长度与方式按标准构造，设计不注。底部附加非贯通筋相同者，可仅注写一处，其他只注写编号。 　　横向连续布置的跨数及是否布置到外伸部位，不受集中标注贯通纵筋的板区限制。 　　原位注写的底部附加非贯通纵筋与集中标注的底部贯通钢筋，宜采用"隔一布一"的方式布置，即基础平板（X向或Y向）底部附加非贯通纵筋与贯通纵筋间隔布置，其标注间距与底部贯通纵筋相同（两者实际组合后的间距为各自标注间距的1/2）
	修正内容	当集中标注的某些内容不适用于梁板式筏形基础平板某板区的某一板跨时，应由设计者在该板跨内注明，施工时应按注明内容取用

表 1-11　梁板式筏形基础编号

构件类型	代号	序号	跨数及有无外伸
基础主梁（柱下）	JL	××	（××）或（××A）或（××B）
基础次梁	JCL	××	（××）或（××A）或（××B）
梁板筏基础平板	LPB	××	

注：1. （××A）为一端有外伸，（××B）为两端有外伸，外伸不计入跨数；

　　2. 梁板式筏形基础平板跨数及是否有外伸分别在 X、Y 两向的贯通纵筋之后表达。图面从左至右为 X 向，从下至上为 Y 向；

　　3. 梁板式筏形基础主梁与条形基础梁编号与标准构造详图一致。

（3）梁板式筏形基础的平面注写方式见表 1-12。

表 1-12　柱下板带、跨中板带的平面注写方式

项目		内　　　容
柱下板带与跨中板带的集中标注	注写编号	平板式筏形基础构件编号按表 1-13 的规定
	注写截面尺寸	注写 b=×××× 表示板带宽度（在图注中注明基础平板厚度）。确定柱下板带宽度应根据规范要求与结构实际受力需要。当柱下板带宽度确定后，跨中板带宽度亦随之确定（即相邻两平行柱下板带之间的距离）。当柱下板带中心线偏离柱中心线时，应在平面图上标注其定位尺寸
	注写底部与顶部贯通纵筋	注写底部贯通纵筋（B 打头）与顶部贯通纵筋（T 打头）的规格与间距，用分号"；"将其分隔开。柱下板带的柱下区域，通常在其底部贯通纵筋的间隔内插空设有（原位注写的）底部附加非贯通纵筋

续上表

项目		内 容
柱下板带与跨中板带原位标注的内容	注写内容	以一段与板带同向的中粗虚线代表附加非贯通纵筋；柱下板带：贯穿其柱下区域绘制；跨中板带：横贯柱中线绘制。在虚线上注写底部附加非贯通纵筋的编号（如①、②等）、钢筋级别、直径、间距，以及自柱中线分别向两侧跨内的伸出长度值。当向两侧对称伸出时，长度值可仅在一侧标注，另一侧不注。外伸部位的伸出长度与方式按标准构造，设计不注。对同一板带中底部附加非贯通筋相同者，可仅在一根钢筋上注写，其他可仅在中粗虚线上注写编号。 原位注写的底部附加非贯通纵筋与集中标注的底部贯通纵筋，宜采用"隔一布一"的方式布置，即柱下板带或跨中板带与底部贯通纵筋相同（两者实际组合的间距为各自标注间距的1/2）
	修正内容	当在柱下板带、跨中板带上集中标注的某些内容（如截面尺寸、底部与顶部贯通纵筋等）不适用于某跨或某外伸部分时，则将修正的数值原位标注在该跨或该外伸部位，施工时原位标注取值优先

表 1-13 平板式筏形基础编号

构件类型	代号	序号	跨数及有无外伸
柱下板带	ZXB	××	(××) 或 (××A) 或 (××B)
跨中板带	KZB	××	(××) 或 (××A) 或 (××B)
平板筏基础平板	BPB	××	

注：(××A) 为一端有外伸，(××B) 为两端有外伸，外伸不计入跨数。

第二节 框架柱识图

框架柱制图与识图见表 1-14。

表 1-14 框架柱的制图与识图

项目		内 容
	柱的编号规定	在柱平法施工图中，各种柱应按照表 1-15 的规定编号，同时，对应的标准构造详图也标注了相同的编号。柱编号不仅可以区别不同的柱，还可以作为信息纽带在柱平法施工图与相应标准构造详图之间建立起明确的联系，使其在平法施工图中表达的设计内容与相应的标准构造详图合并，使其构成完整的柱结构设计
列表注写	列表注写方式	列表注写方式系在柱平面布置图上（一般只需要采用适当比例绘制一张柱平面布置图，包括框架柱、框支柱、梁上柱和剪力墙上柱），分别在同一编号的柱中选择一个（有时需要选择几个）截面标注几何参数代号，在柱表中注写柱号、柱段起止标高、几何尺寸（含柱截面对轴线的偏心情况）与配筋的具体数值，并配以各种柱截面形状及其箍筋类型的方式，来表达柱平法施工图，如图 1-8 所示

项　目		内　　　容
列表注写	列表注写内容	(1) 注写各柱段的起止标高。自柱根部往上以变截面位置或截面未变但配筋改变处为界分段注写。框架柱和框支柱的根部标高系指基础顶面标高。芯柱的根部标高系指根据结构实际需要而定的起始位置标高。梁上柱的根部标高系指梁顶面标高。剪力墙上柱的根部标高分两种：当柱纵筋锚固在墙顶部时，其根部标高为墙顶面标高；当柱与剪力墙重叠一层时，其根部标高为墙顶面往下一层的结构楼层面标高。 (2) 对于矩形柱，注写柱截面尺寸 $b \times h$ 及与轴线有关系的几何参数代号 b_1、b_2 和 h_1、h_2 的具体数值，须对应于各柱段分别注写。 对于圆柱，表中 $b \times h$ 一栏改用在圆柱直径数字前加 d 表示。为表达简单，圆柱截面与轴线的关系也用 b_1、b_2 和 h_1、h_2 表示，并使 $d = b_1 + b_2 = h_1 + h_2$。 对于芯柱，根据结构需要，可以在某些框架柱的一定高度范围内，在其内部的中心位置设置（分别引注其柱编号）。芯柱截面尺寸按构造确定，设计不需注写；当设计者采用与本构造详图不同的做法时，应另行注明。芯柱定位随框架柱，不需要注写其与轴线的几何关系。 (3) 注写柱纵筋。当柱纵筋直径相同，各边根数也相同时（包括矩形柱、圆柱和芯柱），将纵筋注写在"全部纵筋"一栏中。除此之外，柱纵筋分角筋、截面 b 边中部筋和 h 边中部筋三项分别注写。 (4) 注写箍筋类型号及箍筋肢数，在箍筋类型栏内注写并绘制柱截面形状及其箍筋类型号。 (5) 注写柱箍筋，包括钢筋级别、直径与间距。当为抗震设计时，用斜线"/"区分柱端箍筋加密区与柱身非加密区长度范围内箍筋的不同间距。当箍筋沿柱全高为一种时，则不使用"/"线。当圆柱采用螺旋箍筋时在箍筋前加"L"
	截面注写方式	(1) 截面注写方式，系在柱平面布置图的柱截面上，分别在同一编号的柱中选择一个截面，以直接注写截面尺寸和配筋具体数值的方式来表达柱平法施工图。 (2) 对除芯柱之外的所有柱截面按规定进行编号，从相同编号的柱中选择一个截面，按另一种比例原位放大绘制柱截面配筋图，并在各配筋图上继其编号后再注写截面尺寸 $b \times h$、角筋或全部纵筋（当纵筋采用一种直径且能够图示清楚时）、箍筋的具体数值，以及在柱截面配筋图上标注柱截面与轴线关系 b_1、b_2、h_1、h_2 的具体数值。 当纵筋采用两种直径时，需再注写截面各边中部筋的具体数值（对于采用对称配筋的矩形截面柱，可仅在一侧注写中部筋，对称边省略不注）。 当在某些框架柱的一定高度范围内，在其内部的中心位置设置芯柱时，首先按照规定进行编号，继其编号之后注写芯柱的起止标高、全部纵筋及箍筋的具体数值。 芯柱截面尺寸按构造确定，并按标准构造详图施工，设计不注；当设计者采用与本构造详图不同的做法时，应另行注明。 芯柱定位随框架柱，不需要注写其与轴线的几何关系。 (3) 在截面注写方式中，如柱的分段截面尺寸和配筋均相同，仅截面与轴线的关系不同时，可将其编为同一柱号。但此时应在未画配筋的柱截面上注写该柱截面与轴线关系的具体尺寸

表 1-15 各种柱编号的基本规定

柱类型	代号	序号	特 征
框架柱	KZ	××	柱根部嵌固在基础或地下结构上，并与框架梁刚性连接构成框架
框支柱	KZZ	××	柱根部嵌固在基础或地下结构上，并与框支梁刚性连接构成框支结构。框支结构以上转换为剪力墙结构
芯 柱	XZ	××	设置在框架柱、框支柱、剪力墙柱核心部位的暗柱
梁上柱	LZ	××	支承在梁上的柱
剪力墙上柱	QZ	××	支承在剪力墙顶部的柱

注：编号时，当柱的总高、分段截面尺寸和配筋均对应相同，仅截面与轴线的关系不同时，仍可将其编为同一柱号，但应在图中注明截面与轴线的关系。

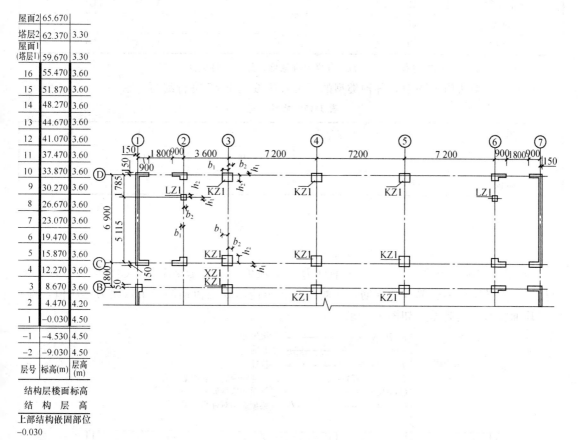

层号	标高(m)	层高(m)
屋面2	65.670	
塔层2	62.370	3.30
屋面1(塔层1)	59.670	3.30
16	55.470	3.60
15	51.870	3.60
14	48.270	3.60
13	44.670	3.60
12	41.070	3.60
11	37.470	3.60
10	33.870	3.60
9	30.270	3.60
8	26.670	3.60
7	23.070	3.60
6	19.470	3.60
5	15.870	3.60
4	12.270	3.60
3	8.670	3.60
2	4.470	4.20
1	-0.030	4.50
-1	-4.530	4.50
-2	-9.030	4.50

结构层楼面标高
结 构 层 高
上部结构嵌固部位
-0.030

柱号	标 高	$b \times h$ (圆柱直径D)	b_1	b_2	h_1	h_2	全部纵筋	角筋	b边一侧中部筋	h边一侧中部筋	箍筋类型号	箍 筋	备 注
KZ1	-0.030~19.470	750×700	375	375	150	550	24Φ25				1(5×4)	Φ10@100/200	—
	19.470~37.070	650×600	325	325	150	450		4Φ22	5Φ22	4Φ20	1(4×4)	Φ10@100/200	
	37.470~59.070	550×500	275	275	150	350		4Φ22	5Φ22	4Φ20	1(4×4)	Φ8@100/200	
XZ1	-0.030~8.670						8Φ25				按标准构造详图	Φ10@100	③×Ⓑ轴KZ1中设置

图 1-8 列表注写方式

第三节　梁板构件识图

一、梁构件制图与识图

1. 编号规定

（1）在梁平法施工图中，各类型的梁应按表 1-16 进行编号。同时，梁编号由梁类型、代号、序号、跨数及有无悬挑代号几项组成。

表 1-16　梁编号

梁类型	代号	序号	跨数及是否带有悬挑
楼层框架梁	KL	××	(××)、(××A) 或 (××B)
屋面框架梁	WKL	××	(××)、(××A) 或 (××B)
框支梁	KZL	××	(××)、(××A) 或 (××B)
非框架梁	L	××	(××)、(××A) 或 (××B)
悬挑梁	XL	—	—
井字梁	JZL	××	(××)，(××A) 或 (××B)

注：(××A) 为一端有悬挑，(××B) 为两端有悬挑，悬挑不计入跨数。

（2）在板平法施工图中，各种类型的板编号应按表 1-17 进行编写。

表 1-17　板块编号

板类型	代号	序号	板类型	代号	序号
楼面板	LB	××	悬挑板	XB	××
屋面板	WB	××			

2. 梁平面注写方式

（1）梁平面注写方式集中标注的具体内容。

1）梁集中标注内容为六项，其中前五项为必注值，即：①梁编号；②截面尺寸；③梁箍筋；④上部跨中通长筋或架立筋；⑤侧面纵向构造筋或受扭钢筋。第六项为选注值，即：⑥梁顶面相对标高高差，如图 1-9 所示。

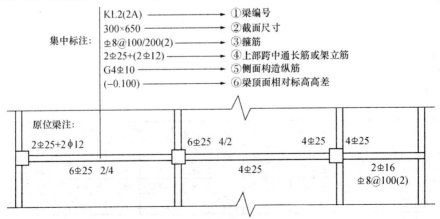

图 1-9　梁平面注写方式（集中标注）

2）梁平面注写方式集中标注的具体内容见表1-18。

表1-18　梁平面注写方式集中标注的具体内容

项目	内容
注写梁编号（必注值）	梁编号由梁类型代号、序号、跨数及有无悬挑代号几项组成，应注意当有悬挑端时，无论悬挑多长均不计入跨数
注写梁截面尺寸	当为等截面梁时，用 $b \times h$ 表示，其中 b 为梁宽，h 为梁高；当为竖向加腋梁时，用 $b \times h$ $GY_{c_1 \times c_2}$ 表示，其中 c_1 为腋长，c_2 为腋高（图1-10）；当为水平加腋梁时，用 $b \times h$ $PYc_1 \times c_2$ 表示，其中 c_1 为腋长，c_2 为腋高。 当为悬挑梁且根部和端部的高度不同时，用斜线分隔根部与端部的高度值，即为 $b \times h_1 / h_2$，如图1-11所示
注写梁箍筋	梁箍筋包括：钢筋级别、直径、加密区与非加密区间距及肢数。 箍筋加密区与非密区用"/"分开；当梁箍筋为同一种间距及肢数时，则不需要用斜线；当加密区与非加密区的箍筋肢数相同时，则将肢数注写一次；箍筋数应写在括号内
注写梁上部通长筋或架立筋	梁上部通长筋或架立筋配置（通长筋可为相同或不同直径采用搭接连接、机械连接或焊接的钢筋），该项为必注值。所注规格与根数应根据结构受力要求及箍筋肢数等构造要求而定。当同排纵筋中既有通长筋又有架立筋时，应用加号"+"将通长筋和架立筋相联。注写时需将角部纵筋写在加号的前面，架立筋写在加号后面的括号内，以示不同直径及与通长筋的区别。当全部采用架立筋时，则将其写入括号内
注写梁侧面构造纵筋或受扭纵筋	当梁腹板高度 $h_w \geq 450$ mm 时，梁侧面须配置纵向构造钢筋，所注规格与总根数应符合规范规定。梁侧面构造纵筋以 G 打头，注写两个侧面的总配筋值。当梁侧面配置受扭纵筋时，梁侧面受扭纵筋以 N 打头，接续注写配置在梁两个侧面的总配筋值，且对称配置
注写梁顶面相对标高高差（选注值）	梁顶面相对标高高差，系指相对于结构层楼面标高的高差值。对于位于结构夹层的梁则指相对于结构夹层楼面标高的高差。有高差时，须将其写入括号内，无高差时不注。 当某梁的顶面高于所在结构层的楼面标高时，其标高高差为正值；反之，为负值

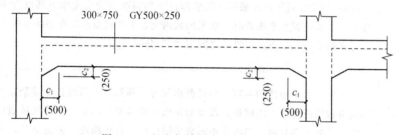

图1-10　竖向加腋梁截面尺寸注写示意

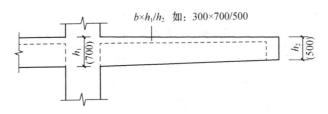

图 1-11 悬挑梁不等高截面尺寸注写示意

（2）梁平面注写方式原位标注的具体内容。

梁原位标注内容为四项，即：①梁支座上部纵筋；②梁下部纵筋；③修正集中标注中某项或某几项不适用于本跨的内容；④附加箍筋或吊筋。

梁平面注写方式原位标注的具体内容见表 1-19。

表 1-19　梁平面注写方式原位标注的具体内容

项目	内　　容
梁支座上部纵筋	（1）当上部纵筋多于一排时，用斜线"/"将各排纵筋自上而下分开。 （2）当同排纵筋有两种直径时，用加号"＋"将两种直径的纵筋相联，注写时将角部纵筋写在前面。 （3）当梁中间支座两边的上部纵筋不同时，须在支座两边分别标注；当梁中间支座两边的上部纵筋相同时，可仅在支座的一边标注配筋值，另一边省去不注如图 1-12 所示。 设计时应注意： 1）对于支座两边不同配筋值的上部纵筋，宜尽可能选用相同直径（不同根数），使其贯穿支座，避免支座两边不同直径的上部纵筋均在支座内锚固； 2）对于以边柱、角柱为端支座的屋面框架梁，当能够满足配筋截面面积要求时，其梁的上部钢筋应尽可能只配置一层，以避免梁柱纵筋在柱顶处因层数过多、密度过大导致不方便施工和影响混凝土浇筑质量
梁下部纵筋	（1）当下部纵筋多于一排时，用斜线"/"将各排纵筋自上而下分开。 （2）当同排纵筋有两种直径时，用加号"＋"将两种直径的纵筋相联，注写时角筋写在前面。 （3）当梁下部纵筋不全部伸入支座时，将梁支座下部纵筋减少的数量写在括号内。 （4）当梁的集中标注中已按规定分别注写了梁上部和下部均为通长的纵筋值时，则不需在梁下部重复做原位标注。 （5）当梁设置竖向加腋时；加腋部位下部斜纵筋应在支座下部以 Y 打头注写在括号内。当梁设置水平加腋时，水平加腋内上、下部斜纵筋应在加腋支座上部以 Y 打头注写在括号内，上下部斜纵筋之间用"/"分隔
集中标注不适用的情况	当在梁上集中标注的内容（即梁截面尺寸、箍筋、上部通长筋或架立筋，梁侧面纵向构造钢筋或受扭纵向钢筋，以及梁顶面标高高差中的某一项或几项数值）不适用于某跨或某悬挑部分时，则将其不同数值原位标注在该跨或该悬挑部位，施工时应按原位标注数值取用。

续上表

项目	内　　　容
集中标注不适用的情况	当在多跨梁的集中标注中已注明加腋，而该梁某跨的根部却不需要加腋时，则应在该跨原位标注等截面的 $b×h$，以修正集中标注中的加腋信息（图 1-13）
附加箍筋或吊筋	附加箍筋或吊筋，将其直接画在平面图中的主梁上，用线引注总配筋值（附加箍筋的肢数注在括号内）（图 1-14）。当多数附加箍筋或吊筋相同时，可在梁平法施工图上统一注明，少数与统一注明值不同时，再原位引注。 施工时应注意：附加箍筋或吊筋的几何尺寸应按照标准构造详图，结合其所在位置的主梁和次梁的截面尺寸而定

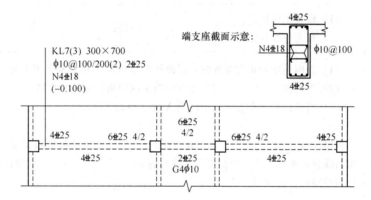

图 1-12　大小跨梁的平面注写示意

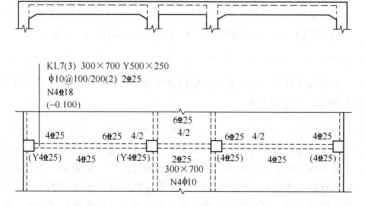

图 1-13　梁加腋平面注写方式

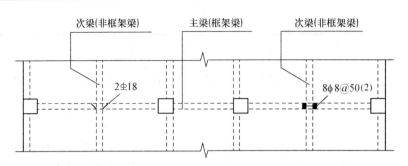

图 1-14　附加箍筋和吊筋的表达

二、板构件制图与识图

板平面注写方式见表 1-20。

表 1-20　板平面注写方式

项目		内　　　容
板块平面注写方式		（1）板块集中标注。 （2）板支座原位标注
结构平面的坐标方向		（1）当两向轴网正交布置时，图面从左至右为 X 向，从下至上为 Y 向。 （2）当轴网转折时，局部坐标方向顺轴网转折角度作相应转折。 （3）当轴网向心布置时，切向为 X 向，径向为 Y 向
板块集中标注	板厚注写方式	板厚注写为 $h=\times\times\times$（为垂直于板面的厚度）。当悬挑板的端部改变截面厚度时，用斜线分隔根部与端部的高度值，注写为 $h=\times\times\times/\times\times\times$；当设计已在图注中统一注明板厚时，此项可不注
	贯通筋注写方式	贯通筋注写按板块的下部和上部分别注写（当板块上部不设贯通纵筋时则不注），并以 B 代表下部，以 T 代表上部，B&T 代表下部与上部。X 向贯通纵筋以 X 打头，Y 向贯通纵筋以 Y 打头，两项贯通纵筋配置相同时则以 X&Y 打头。当为单向板时，另一项贯通的分布筋可不必注写，而在图中统一注明。当在某些板内（例如在悬挑板 XB 的下部）配置构造筋时，则 X 向以 Xc，Y 向以 Yc 打头注写
	板面标高高差的注写方式	板面标高高差，系指相对于结构层楼面标高的高差，应将其注写在括号内，且有高差则注，无高差不注
板支座原位标注		板支座原位标注的内容为：板支座上部非贯通纵筋和纯悬挑板上部受力钢筋。 板支座原位标注的钢筋，应在配置相同跨的第一跨表示（当在梁悬挑部位单独配置时则在原位表达）。在配置相同跨的第一跨（或梁悬挑部位），垂直于板支座（梁或墙）绘制一段适宜长度的中粗实线（当该通长筋设置在悬挑板或短跨板上部时，实线段应画至对边或贯通短跨），以该线段代表支座上部非贯通纵筋，并在线段上方注写钢筋编号（如①、②等）、配筋值、横向连续布置的跨数（注写在括号内，且当为一跨时可不注）以及是否横向布置到梁的悬挑端

项目	内　　容
板支座原位标注	板支座上部非贯通筋自支座中线间跨内的伸出长度，注写在线段的下方位置。 　　当中间支座上部非贯通纵筋向支座两侧对称延伸时，可仅在支座一侧线段下方标注延伸长度，另一侧不注，如图1-15（a）所示。 　　当支座两侧非对称延伸时，应分别在支座线段下方注写延伸长度，如图1-15（b）所示

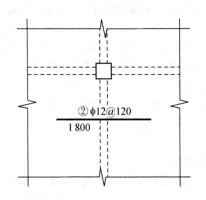 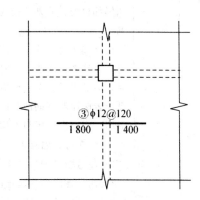

（a）在支座一侧线段下方标注延伸长度，另一侧不注　　　　（b）分别在支座线段下方注写延伸长度

图1-15　板支座原位标注示意

第四节　剪力墙识图

剪力墙的制图与识图表1-21。

表1-21　剪力墙的制图与识图

项目		内　　容
剪力墙的编号规定		在平法剪力墙施工图中，以剪力墙柱编号见表1-22、以剪力墙梁编号见表1-23、以剪力墙身编号见表1-24
剪力墙平法表达形式	列表注写方式	列表注写方式，系分别在剪力墙柱表、剪力墙身表和剪力墙梁表中，对应于剪力墙平面布置图上的编号，用绘制截面配筋图并注写几何尺寸与配筋具体数值的方式来表达剪力墙平法施工图，剪力墙平法施工图，如图1-16所示，剪力墙梁、墙身表见表1-25、表1-26所示，剪力墙柱，如图1-17所示。 　　（1）剪力墙柱表。 　　1）注写墙柱编号，绘制该墙柱的截面配筋图，标注墙柱几何尺寸。 　　①约束边缘构件需注明阴影部分尺寸。 　　注：剪力墙平面布置图中应注明约束边缘构件沿墙肢长度 l_c（约束边缘翼墙中沿墙肢长度尺寸为 $2b_f$ 时可小注）。 　　②构造边缘构件需注明阴影部分尺寸。 　　③扶壁柱及非边缘暗柱需标注几何尺寸。

项 目		内　　　容
剪力墙平法表达形式	列表注写方式	2）注写各段墙柱的起至标高，自墙柱根部往上以变截面位置或截面未变但配筋改变处为界分段注写。墙柱根部标高一般指基础顶面标高（部分框支剪力墙结构则为框支梁顶面标高）。 　　3）注写各段墙柱的纵向钢筋和箍筋，注写值应与在表中绘制的截面配筋图对应一致。纵向钢筋注总配筋值：墙柱箍筋的注写方式与柱箍筋相同。约束边缘构件除注写阴影部位的箍筋外，尚需在剪力墙平面布置图中注写非阴影区内布置的拉筋（或箍筋）。 　　设计施工时应注意：①当约束边缘构件体积配箍率计算中计入墙身水平分布钢筋时，设计者应注明。此时还应注明墙身水平分布钢筋在阴影区域内设置的拉筋。施工时，墙身水平分布钢筋应注意采用相应的构造做法。②当非阴影区外圈设置箍筋时，设计者应注明箍筋的具体数值及其余拉筋。施工时，箍筋应包住阴影区内第二列竖向纵筋。当设计采用与本构造详图不同的做法时，应另行注明。 　　（2）在剪力墙身表。 　　1）注写墙身编号（含水平与竖向分布钢筋的排数）。 　　2）注写各段墙身起止标高，自墙身根部往上以变截面位置或截面未变但配筋改变处为界分段注写。墙身根部标高一般指基础顶面标高（部分框支剪力墙结构则为框支梁的顶面标高）。 　　3）注写水平分布钢筋、竖向分布钢筋和拉筋的具体数值。注写数值为一排水平分布钢筋和竖向分布钢筋的规格与间距，具体设置几排已经在墙身编号后面表达。拉筋应注明布置方式"双向"或"梅花双向"。 　　（3）剪力墙梁表。 　　1）注写墙梁编号。 　　2）注写墙梁所在楼层号。 　　3）注写墙梁顶面标高高差，系指相对于墙梁所在结构层楼面标高的高差值。高于者为正值，低于者为负值，当无高差时不注。 　　4）注写墙梁截面尺寸 $b \times h$，上部纵筋，下部纵筋和箍筋的具体数值。 　　5）当连梁设有对角暗撑时［代号为 LL (JC) ××］，注写暗撑的截面尺寸（箍筋外皮尺寸）；注写一根暗撑的全部纵筋，并标注×2表明有两根暗撑相互交叉；注写暗撑箍筋的具体数值。 　　6）当连梁设有交叉斜筋时［代号为 LL (JX) ××］，注写连梁一侧对角斜筋的配筋值，并标注×2表明对称设置；注写对角斜筋在连梁端部设置的拉筋根数、规格及直径，并标注×4表示四个角都设置；注写连梁一侧折线筋配筋值，并标注×2表明对称设置。 　　7）当连梁设有集中对角斜筋时［代号为 LL (DX) ××］，注写一条对角线上的对角斜筋，并标注×2表明对称设置。墙梁侧面纵筋的配置，当墙身水平分布钢筋满足连梁、暗梁及边框梁的梁侧面纵向构造钢筋的要求时，该筋配置同墙身水平分布钢筋，表中不注，施工按标准构造详图的要求即可；当不满足时，应在表中补充注明梁侧面纵筋的具体数值（其在支座内的锚固要求同连梁中受力钢筋）

续上表

项　目		内　　容
剪力墙平法表达形式	截面注写方式	（1）截面注写方式，系在分标准层绘制的剪力墙平面布置图上，以直接在墙柱、墙身、墙梁上注写截面尺寸和配筋具体数值的方式来表达剪力墙平法施工图（图1-18）。 　（2）选用适当比例原位放大绘制剪力墙平面布置图，其中对墙柱绘制配筋截面图；对所有墙柱、墙身、墙梁按规定进行编号，并分别在相同编号的墙柱、墙身、墙梁中选择一根墙柱、一道墙身、一根墙梁进行注写，其注写方式按以下规定进行。 　1）从相同编号的墙柱中选择一个截面，注明几何尺寸，标注全部纵筋及箍筋的具体数值。 　注：约束边缘构件除需注明阴影部分具体尺寸外，尚需注明约束边缘构件沿墙肢长度 l_c，约束边缘翼墙中沿墙肢长度尺寸为 $2b_f$ 时可不注。除注写阴影部位的箍筋外尚需注写非阴影区内布置的拉筋（或箍筋）。当仅 l_c 不同时，可编为同一构件，但应单独注明 l_c 的具体尺寸并标注非阴影区内布置的拉筋（或箍筋）。 　设计施工时应注意：当约束边缘构件体积配箍率计算中计入墙身水平分布筋时，设计者应注明。还应注明墙身水平分布钢筋在阴影区域内设置的拉筋。施工时，墙身水平分布钢筋应注意采用相应的构造做法。 　2）从相同编号的墙身中选择一道墙身，按顺序引注的内容为：墙身编号（应包括注写在括号内墙身所配置的水平与竖向分布钢筋的排数）、墙厚尺寸，水平分布钢筋、竖向分布钢筋和拉筋的具体数值。 　3）从相同编号的墙梁中选择一根墙梁，按顺序引注的内容为：①注写墙梁编号、墙梁截面尺寸 $b×h$、墙梁箍筋、上部纵筋、下部纵筋和墙梁顶面标高高差的具体数值。②当连梁设有对角暗撑时［代号为 LL（JC）××］。③当连梁设有交叉斜筋时［代号为 LL（JX）××］。④当连梁设有集中对角斜筋时［代号为 LL（DX）××］。 　当墙身水平分布钢筋不能满足连梁、暗梁及边框梁的梁侧面纵向构造钢筋的要求时，应补充注明梁侧面纵筋的具体数值；注写时，以大写字母 N 打头，接续注写直径与间距。其在支座内的锚固要求同连梁中受力钢筋
剪力墙洞口的表示方法		（1）在剪力墙平面布置图上绘制洞口示意，并标注洞口中心的平面定位尺寸。 　（2）在洞口中心位置引注。 　1）洞口编号：矩形洞口为 JD××（××为序号）； 　　　　　　　圆形洞口为 YD××（××为序号）。 　2）洞口几何尺寸：矩形洞口为洞宽×洞高（$b×h$），圆形洞口为洞口的直径 D。 　3）洞口中心相对标高，系相对于结构层楼（地）面标高的洞口中心高度。当其高于结构层楼面时为正值，低于结构层楼面时为负值。 　4）洞口每边补强钢筋，分为以下几种不同情况： 　①当矩形洞口的洞宽、洞高均不大于 800 mm 时，如果设置构造补强纵筋，即洞口每边配置钢筋不小于 2Φ12 且不小于同向被切断钢筋总面积的 50%，本项免注，如图1-19所示。 　②矩形洞口的洞宽、洞高均不大于 800 mm 时，如果设置补强纵筋大于构造配筋，此项注写洞口每边补强钢筋的数值。

续上表

项 目	内　　　容
剪力墙洞口的表示方法	③当矩形洞口的洞宽大于 800 mm 时，在洞口的上、下边需设置补强暗梁，此项注写为洞口上、下每边暗梁的纵筋与箍筋的具体数值（在标准构造详图中，补强暗梁梁高一律定为400 mm，施工时按标准构造详图取值。设计不注。当设计者采用与该构造详图不同做法时，应另行注明）；当洞口上、下边为剪力墙连梁时，此项免注；洞口竖向两侧按边缘构件配筋，亦不在此项表达，如图 1-20 所示。 ④当圆形洞口设置在连梁中部 1/3 范围（且圆洞直径不应大于 1/3 梁高）时，需注写在圆洞上下水平设置的每边补强纵筋与箍筋的上方，如图 1-21 所示。 ⑤当圆形洞口设置在墙身或暗梁、边框梁位置，且洞口直径不大于 300 mm 时，此项注写洞口上下左右每边布置的补强纵筋数值，如图 1-22 所示。 ⑥当圆形洞口直径大于 300 mm，但不大于 800 mm 时，其加强钢筋在标准结构详图中系按照圆外切正六边形的边长方向布置，设计仅需注写六边形中一边补强钢筋的具体数值，如图 1-23 所示

表 1-22　墙柱编号

墙柱类型	代号	序号
约束边缘构件	YBZ	××
构造边缘构件	GBZ	××
非边缘暗柱	AZ	××
扶壁柱	FBZ	××

表 1-23　墙梁编号

墙柱类型	代号	序号
连梁	LL	××
连梁（对角暗撑配筋）	LL（JC）	××
连梁（交叉斜筋配筋）	LL（JX）	××
暗梁	AL	××
边框梁	BKL	××
连梁（集中对角斜筋配筋）	LL（DX）	××

表 1-24　墙身编号

墙柱类型	代号	序号
剪力墙身	Q（×）	××

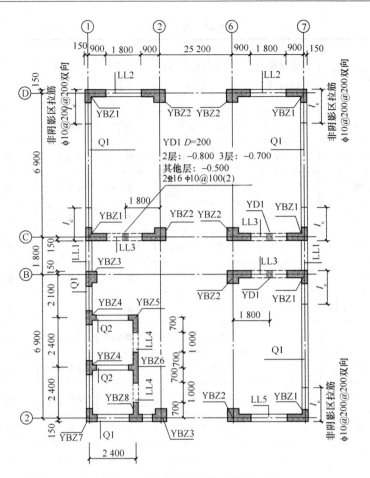

图 1-16　剪力墙平法施工图（一）

截面				
编号	YBZ1	YBZ2	YBZ3	YBZ4
标高	$-0.030 \sim 12.270$	$-0.030 \sim 12.270$	$-0.030 \sim 12.270$	$-0.030 \sim -12.270$
纵筋	24 Φ 20	22 Φ 20	18 Φ 22	20 Φ 20
箍筋	Φ 10@100	Φ 10@100	Φ 10@100	Φ 10@100

截面			
编号	YBZ5	YBZ6	YBZ7
标高	$-0.030 \sim 12.270$	$-0.030 \sim 12.270$	$-0.030 \sim 12.270$
纵筋	20 Φ 20	23 Φ 20	16 Φ 20
箍筋	Φ 10@100	Φ 10@100	Φ 10@100

图 1-17　剪力墙柱图

表 1-25　剪力墙梁表

编号	所在楼层号	梁顶相对标高高差	梁截面尺寸 $b \times h$	上部纵筋	下部纵筋	箍筋
LL1	2～9	0.800	300×2 000	4 ⊈ 22	4 ⊈ 22	⊈ 10@100（2）
	10～16	0.800	250×2 000	4 ⊈ 20	4 ⊈ 20	⊈ 10@100（2）
	屋面 1	—	250×1 200	4 ⊈ 20	4 ⊈ 20	⊈ 10@100（2）
LL2	3	−1.200	300×2 520	4 ⊈ 22	4 ⊈ 22	⊈ 10@150（2）
	4	−0.900	300×2 070	4 ⊈ 22	4 ⊈ 22	⊈ 10@150（2）
	5～9	−0.900	300×1 770	4 ⊈ 22	4 ⊈ 22	⊈ 10@150（2）
	10～屋面 1	−0.900	250×1 770	3 ⊈ 22	3 ⊈ 22	⊈ 10@150（2）
LL3	2	—	300×2 070	4 ⊈ 22	4 ⊈ 22	⊈ 10@100（2）
	3	—	300×1 770	4 ⊈ 22	4 ⊈ 22	⊈ 10@100（2）
	4～9	—	300×1 770	4 ⊈ 22	4 ⊈ 22	⊈ 10@100（2）
	10～屋面 1	—	250×1 770	3 ⊈ 22	3 ⊈ 22	⊈ 10@100（2）
LL4	2	—	250×2 070	3 ⊈ 20	3 ⊈ 20	⊈ 10@120（2）
	3	—	250×1 770	3 ⊈ 20	3 ⊈ 20	⊈ 10@120（2）
	4～屋面 1	—	250×1 170	3 ⊈ 20	3 ⊈ 20	⊈ 10@120（2）
AL1	2～9	—	300×600	3 ⊈ 20		⊈ 10@150（2）
	10～16	—	250×500	3 ⊈ 18		⊈ 10@150（2）
BKL1	屋面 1	—	500×750	4 ⊈ 22		⊈ 10@150（2）

表 1-26　剪力墙身表

编号	标高	墙厚	水平分布筋	竖向分布筋	拉筋
Q1	−0.030～30.270	300	⊈ 12@250	⊈ 12@250	⊈ 6@500
	30.270～59.070	250	⊈ 10@250	⊈ 10@250	⊈ 6@500
Q2	−0.030～30.270	250	⊈ 10@250	⊈ 10@250	⊈ 6@500
	30.270～59.070	200	⊈ 10@250	⊈ 10@250	⊈ 6@500

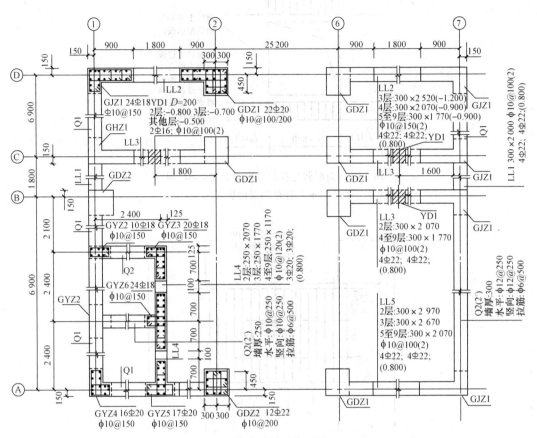

图 1-18 剪力墙平法施工图（二）

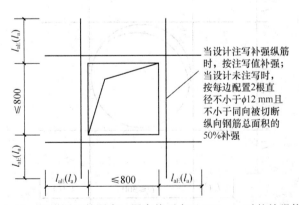

图 1-19 矩形洞口的洞宽、洞高均不大于 800 mm 时的补强构造

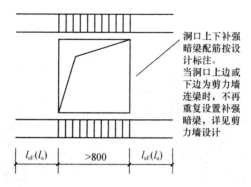

图 1-20　矩形洞宽和洞高均大于 800 mm 时，
洞口补强暗梁构造

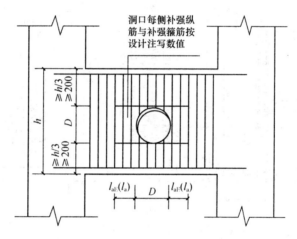

图 1-21　连梁中部圆形洞口补强钢筋构造

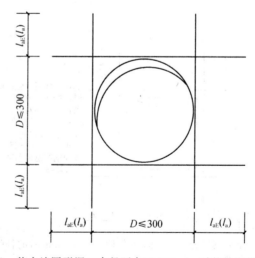

图 1-22　剪力墙圆形洞口直径不大于 300 mm 时的补强纵筋构造

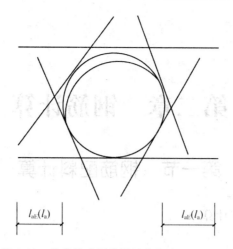

图 1-23　剪力墙当圆形洞口直径大于 300 mm
但不大于 800 mm 时的补强纵筋构造

第二章 钢筋计算

第一节 钢筋配料计算

一、钢筋下料长度基本计算

（1）弯钩增加长度计算。

钢筋弯钩有半圆弯钩、直弯钩和斜弯钩三种形式，如图2-1所示。

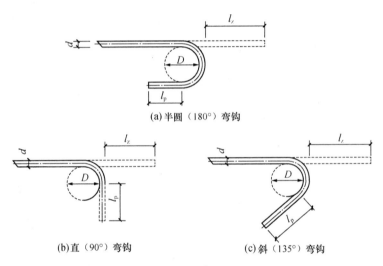

(a) 半圆（180°）弯钩

(b) 直（90°）弯钩

(c) 斜（135°）弯钩

图 2-1 钢筋弯钩形式

半圆弯钩（或称 180°弯钩），HPB235 级钢筋末端需要作 180°弯钩，其圆弧弯曲直径（D）应不小于钢筋直径（d）的 2 倍，平直部分长度不宜小于钢筋直径的 3 倍；用于轻集料混凝土结构时，其圆弧弯曲直径（D）不应小于钢筋直径（d）的 3.5 倍。直弯钩（或称 90°弯钩）和斜弯钩（或称 135°弯钩）弯折时，弯曲直径（D）对 HPB235 级钢筋不宜小于 2.5d；对 HRB335 级钢筋不宜小于 4d；对 HRB400 级钢筋不宜小于 5d。

三种弯钩增加的长度 l_z 可按下式计算：

半圆弯钩 $\qquad l_z = 1.071D + 0.571d + l_p$ $\qquad\qquad$ (2-1)

直弯钩 $\qquad l_z = 0.285D - 0.215d + l_p$ $\qquad\qquad$ (2-2)

斜弯钩 $\qquad l_z = 0.678D + 0.178d + l_p$ $\qquad\qquad$ (2-3)

式中 　D——圆弧弯曲直径，对 HPB235 级钢筋取 2.5d，HRB335 级钢筋取 4d，HRB400 级钢筋取 5d；

$\qquad$ d——钢筋直径；

l_p——弯钩的平直部分长度。

采用 HPB235 级钢筋，按圆弧弯曲直径 $D=2.5d$、l_p 按 $3d$ 考虑，半圆弯钩增加长度应为 $6.25d$；直弯钩 l_p 按 $5d$ 考虑，增加长度应为 $5.5d$；斜弯钩 l_p 按 $10d$ 考虑，增加长度为 $12d$。三种弯钩形式各种规格钢筋弯钩增加长度可见表2-1采用。如圆弧弯曲直径偏大（一般在实际加工时，较细的钢筋常采用偏大的圆弧弯曲直径），取用不等于 $3d$、$5d$、$10d$ 的平直部分长度，则仍应根据式（2-1）至式（2-3）进行计算。

表 2-1　各种规格钢筋弯钩增加长度参考表

钢筋直径 d（mm）	半圆弯钩（mm）		半圆弯钩（mm）（不带平直部分）		直弯钩（mm）		斜弯钩（mm）	
	1 个钩长	2 个钩长	1 个钩长	2 个钩长	1 个钩长	2 个钩长	1 个钩长	2 个钩长
6	40	75	20	40	35	70	75	150
8	50	100	25	50	45	90	95	190
9	60	115	30	60	50	100	110	220
10	65	125	35	70	55	110	120	240
12	75	150	40	80	65	130	145	290
14	90	175	45	90	75	150	170	340
16	100	200	50	100	—	—	—	—
18	115	225	60	120				
20	125	250	65	130				
22	140	275	70	140				
25	160	315	80	160	—	—	—	—
28	175	350	85	190				
32	200	400	105	210				
36	225	450	115	230				

注：1. 半圆弯钩计算长度为 $6.25d$；半圆弯钩不带平直部分为 $3.25d$；直弯钩计算长度为 $5.5d$；斜弯钩计算长度为 $12d$。

2. 半圆弯钩取 $l_p=3d$；直弯钩 $l_p=5d$；斜弯钩 $l_p=10d$；直弯钩在楼板中使用时，其长度取决于楼板厚度。

3. 本表为 HPB235 级钢筋，弯曲直径为 $2.5d$，取尾数为 5 或 0 的弯钩增加长度。

（2）弯折钢筋斜长计算。

梁、板类构件常配置一定数量的弯折钢筋，弯折角度有 30°、45° 和 60° 几种，如图 2-2 所示。

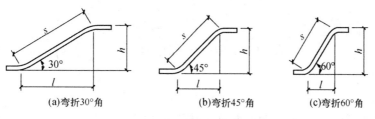

(a)弯折30°角　　　　(b)弯折45°角　　　　(c)弯折60°角

图 2-2　弯折钢筋斜长计算简图

弯折钢筋斜长增加的长度 l_s 可按下式计算：

弯折 30°角，$s=2.0h$，$l=1.732h$

$$l_s=s-l=0.268h \tag{2-4}$$

弯折 45°角，$s=1.414h$，$l=1.000h$

$$l_s=s-l=0.414h \tag{2-5}$$

弯折 60°角，$s=1.155h$，$l=0.577h$

$$l_s=s-l=0.578h \tag{2-6}$$

（3）弯曲调整值计算。

1）钢筋弯折 90°时的弯曲调整值计算［图 2-3（a）］。

设量度尺寸为 $a+b$，下料长度为 l_x，弯曲调整值为 Δ，则有 $\Delta=a+b-l_x$。

$$l_x=b+l_z=b+0.285D-0.215d+\left(a-\frac{D}{2}-d\right) \tag{2-7}$$

式中　l_z——弯钩增加长度。

代入得弯曲调整值为：

$$\Delta=0.215D+1.215d \tag{2-8}$$

不同级别钢筋弯折 90°时的弯曲调整值参见表 2-2。

2）钢筋弯折 135°时的弯曲调整值计算［图 2-3（b）］。

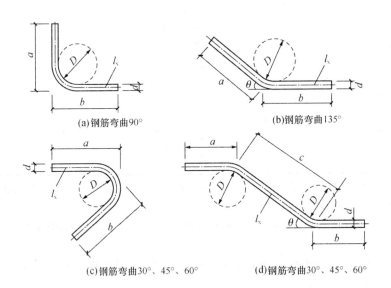

(a)钢筋弯曲90°　　　　　　　　(b)钢筋弯曲135°

(c)钢筋弯曲30°、45°、60°　　　　(d)钢筋弯曲30°、45°、60°

图 2-3　钢筋弯曲形式及调整值计算简图

a、b—量度尺寸；l_x—下料长度

同上，据式（2-7）有：

$$l_x=b+l_z=b+0.678D+0.178d+\left(a-\frac{D}{2}-d\right) \tag{2-9}$$

弯曲调整值为：

$$\Delta=0.822d-0.178D \tag{2-10}$$

不同级别钢筋弯折 135°时的弯曲调整值参见表 2-2。

表 2-2　钢筋弯折 90°和 135°时的弯曲调整值

弯折角度	钢筋级别	弯曲调整值	
		计算式	取值
90°	HPB235 级 HRB335 级 HRB400 级	$\Delta=0.215D+1.215d$	1.75d 2.08d 2.29d
135°	HPB235 级 HRB335 级 HRB400 级	$\Delta=0.822d-0.178D$	0.38d 0.11d $-0.07d$

注：1. 弯曲直径：HPB235 级钢筋 $D=2.5d$；HRB335 级钢筋 $D=4d$；HRB400 级钢筋 $D=5d$。

　　2. 弯曲图如图 2-3 所示钢筋弯曲形式及调整值计算简图（a）、（b）。

3）钢筋弯折 45°时的弯曲调整值计算 ［图 2-3（c）］。

由图知

$$l_\mathrm{x}=a+b+\frac{45\pi}{180}\left(\frac{D+d}{2}\right)-2\left(\frac{D}{2}+d\right)\tan22.5°$$

即

$$l_\mathrm{x}=a+b-0.022D-0.436d \qquad (2\text{-}11)$$

弯曲调整值为：

$$\Delta=0.022D+0.436d \qquad (2\text{-}12)$$

同样可求得弯折 30°和 60°时的弯曲调整值，按规范规定，对一次弯折钢筋的弯曲直径 D 不应小于钢筋直径 d 的 5 倍，其弯折角度为 30°、45°、60°的弯曲调整值参见表 2-3。

表 2-3　钢筋弯折 30°、45°、60°时的弯曲调整值

项　次	弯折角度	钢筋调整值	
		计算式	按 $D\geqslant5d$
1	30°	$\Delta=0.006D+0.274d$	0.3d
2	45°	$\Delta=0.022D+0.436d$	0.55d
3	60°	$\Delta=0.054D+0.631d$	0.9d

4）钢筋弯折 30°、45°、60°时的弯曲调整值计算 ［图2-3（d）］。

同理，按图 2-3（d）的量法，其中 θ 以度计，有

$$l_\mathrm{x}=a+b+c-\left[2\left(D+2d\right)\tan\frac{\theta}{2}-d\left(\csc\theta-\operatorname{ctan}\theta\right)-\frac{\pi\theta}{180}\left(D+d\right)\right] \qquad (2\text{-}13)$$

式中末项括号内的值即为弯曲调整值。

同样，钢筋弯曲直径取 5d，取弯折角度为 30°、45°、60°代入式（2-13）可得钢筋弯曲调整值，如表 2-4 中所列。

表 2-4　钢筋弯折 30°、45°、60°的弯曲调整值

项　次	弯折角度	钢筋调整值	
		计算式	按 $D=5d$
1	30°	$\Delta=0.012D+0.28d$	$0.34d$
2	45°	$\Delta=0.043D+0.457d$	$0.67d$
3	60°	$\Delta=0.108D+0.685d$	$1.23d$

由于钢筋加工实际操作往往不能准确地按规定的最小 D 值取用，有时略偏大或略偏小取用，再有时成型机心轴规格不全，不能完全满足加工的需要，因此除按以上计算方法求弯曲调整值之外，亦可以根据各工地实际经验确定，图2-4为根据经验提出的各种形状钢筋弯曲调整值，可供现场施工下料人员操作时参考。

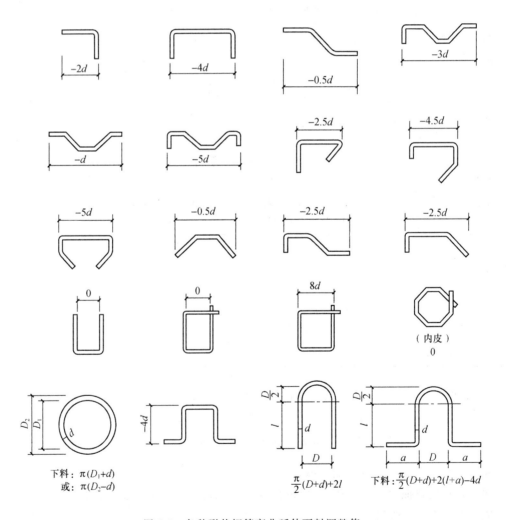

图 2-4　各种形状钢筋弯曲延伸下料调整值

（4）箍筋弯钩增加长度计算。箍筋的末端应作弯钩，用 HPB235 级钢筋或冷拔低碳钢丝制作的箍筋，其弯钩的弯曲直径应大于受力钢筋直径，且不小于箍筋直径的 5 倍；对有抗震要求的结构，不应小于箍筋的 10 倍。

弯钩形式，可按图 2-5（a）、（b）加工；对有抗震要求和受扭的结构，可按图 2-5（c）加工。

（a）90°/180°　　　（b）90°/90°　　　（c）135°/135°

图 2-5　箍筋弯钩示意图

箍筋弯钩的增加长度，可按式（2-1）～式（2-3）求出。常用规格钢筋箍筋弯钩增加长度可参见表 2-5 求得。

表 2-5　箍筋弯钩增加长度的参考值

钢筋直径 d（mm）	一般结构箍筋两个弯钩增加长度		抗震结构两个弯钩增加长度（27d）
	两个弯钩均为 90°（14d）	一个弯钩 90° 另一个弯钩 180°（17d）	
≤5	70	85	135
6	84	102	162
8	112	136	216
10	140	170	270
12	168	204	324

注：箍筋一般用内皮尺寸表示，每边加上 2d，即成为外皮尺寸，表中已计入。

（5）下料长度计算。

一组构件钢筋多由直钢筋、弯折钢筋和箍筋组成，其下料长度按下式计算：

$$直钢筋下料长度 = 构件长度 - 保护层厚度 + 弯钩增加长度 \qquad (2-14)$$
$$弯折钢筋下料长度 = 竖直长度 + 斜段长度 + 弯钩增加长度 -$$
$$弯曲调整值 \qquad (2-15)$$
$$箍筋下料长度 = 箍筋外皮周长 + 弯钩增加长度 - 弯曲调整值 \qquad (2-16)$$

箍筋一般以内皮尺寸表示，此时，每边加上 2d（U 形箍的两侧边加 1d），即成外皮尺寸。各种箍筋的下料长度按表 2-6 计算。以上各式中弯钩的增加长度可从式（2-1）、式（2-2）、式（2-3）求得或直接取 8.25d（半圆弯钩，$l_p = 5d$）和表 2-5 的值（直弯钩和斜弯钩），弯曲调整值按表 2-2 取用。

表 2-6　柱纵筋计算过程

编号	钢筋种类	简图	下料长度
1	HPB235 级 ($D=2.5d$)		$a+2b+19d \approx (a+2b) + (6-2 \times 1.75 + 2 \times 8.25)d$
2			$2a+2b+17d \approx (2a+2b) + (8-3 \times 1.75 + 8.25+5.5)d$
3			$2a+2b+14d \approx (2a+2b) + (8-3 \times 1.75 + 2 \times 5.5)d$
4			$2a+2b+27d \approx (2a+2b) + (8-3 \times 1.75 + 2 \times 12)d$
5	HRB335 级 ($D=4d$)		$a+2b \approx (a+2b) + (4-2 \times 2.08)d$
6			$2a+2b+14d \approx (2a+2b) + (8-3 \times 2.08+2 \times 6)d$

二、圆形构件向心钢筋下料长度计算

（1）辐射钢筋计算。

1）先计算最外圈环筋周长 L 和最内圈环筋周长 L_1，按下列公式计算。

$$L=\pi (D-2c) \tag{2-17}$$

$$L_1=2\pi a_2 \tag{2-18}$$

式中　D——构件直径；

　　　c——保护层厚度；

　　　a_2——环筋间距。

2）再根据小圈环筋计算辐射钢筋根数 $N=L/a_1$（a_1 为辐射筋最大间距）。N 值应取整数，如为偶数即取原值，如为奇数应加 1 变为偶数。此根数为内圈环筋钢筋。

（2）环筋计算。

由已知条件，环筋需要根数 n 可按下式计算：

$$n = \frac{D - 2c - d}{2a_2} \tag{2-19}$$

式中　d——环筋直径；

其他符号意义同前。

n 取整数值（例如 $n = 7.8$，取 8 根），实际间距 a_2' 为：

$$a_2' = \frac{D - 2c - d}{2n'} \tag{2-20}$$

式中　n'——实际根数；

其他符号意义同前。

以上方法计算的圆形构件向心钢筋配料的辐射钢筋、环筋均为基本长度，在施工下料时的间距 $a = \frac{L_1}{N}$，应不小于配筋的最小间距（一般取最小间距为70 mm）。如果 $a \geqslant 70$ mm，则此圆形构件的辐射钢筋为一种，根数即 N；如果 $a < 70$ mm，就使辐射钢筋截止于另一圈环筋上，使得它们的间距处于70 mm与 a_1 之间。

根据计算结果，即可画出向心钢筋布置图（图 2-6），则辐射钢筋的根数和长度即可按图较易算出。

图 2-6 中，1 为 0 号辐射钢筋；2 为环筋；3 为 2 号辐射钢筋；4 为 3 号辐射钢筋；5 为 1 号辐射钢筋。用光圆钢筋，端部要增加弯钩长度，辐射钢筋、环筋较长时还应增加搭接长度，位于辐射钢筋处的 4 根钢筋改为 2 根直通钢筋（图2-6中的 0 号辐射钢筋），此外，辐射钢筋要考虑适当加上交搭环筋的长度等。

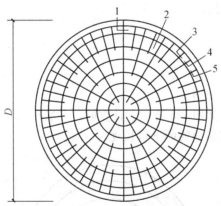

图 2-6　圆形构件向心钢筋布置简图

三、圆形构件钢筋下料长度计算

（1）按弦长布置的直线形钢筋。

先根据弦长计算公式算出每根钢筋所在处的弦长，再减去两端保护层厚度，即得该处钢筋下料长度。

当钢筋间距为单数时 ［图 2-7（a）］，配筋有相同的两组，弦长可按下式计算：

$$l_1 = \sqrt{D^2 - [(2i - 1)a]^2} \tag{2-21}$$

或

$$l_1 = a\sqrt{(n + 1)^2 - (2i - 1)^2} \tag{2-22}$$

或 $$l_1 = \frac{D}{n+1}\sqrt{(n+1)^2 - (2i-1)^2} \qquad (2\text{-}23)$$

当钢筋间距为双数时［图 2-7（b）］，最中间的一根钢筋所在位置的弦长即为该圆的直径，另有相同的两组配筋，弦长可按下式计算：

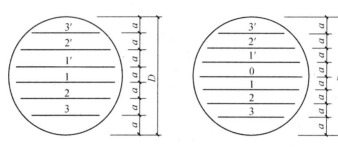

（a）按弦长单数间距布置   （b）按弦长双数间距布置

图 2-7　按弦长布置钢筋下料长度计算简图

$$l_1 = \sqrt{D^2 - (2ia)^2} \qquad (2\text{-}24)$$

或 $$l_1 = a\sqrt{(n+1)^2 - (2i)^2} \qquad (2\text{-}25)$$

或 $$l_1 = \frac{D}{n+1}\sqrt{(n+1)^2 - (2i)^2} \qquad (2\text{-}26)$$

其中 $$n = \frac{D}{d} - 1 \qquad (2\text{-}27)$$

式中　l_1——从圆心向两边计数的第 i 根钢筋所在位置的弦长；

　　　　D——圆形构件的直径；

　　　　a——钢筋间距；

　　　　n——钢筋根数；

　　　　i——从圆心向两边计数的序号数。

（2）按圆周布置的圆形钢筋。

按圆周布置的缩尺配筋如图 2-8 所示。计算时，一般按比例方法先求出每根钢筋的圆直径，再乘以圆周率，即为圆形钢筋的下料长度。

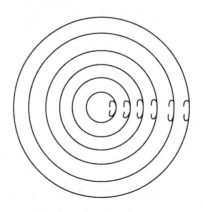

图 2-8　按圆周布置钢筋下料长度计算简图

三、梯形构件缩尺配筋下料长度计算

平面或立面为梯形的构件（图 2-9），其平面纵、横向钢筋长度或立面箍筋高度，在一组钢筋中存在多种不同长度的情况，其下料长度或高度，可用数学法根据比例关系进行计算。每根钢筋的长短差 Δ 可按下式计算：

$$\Delta = \frac{l_d - l_c}{n-1} \text{ 或 } \Delta = \frac{h_d - h_c}{n-1} \qquad (2\text{-}28)$$

$$n = \frac{s}{a} + 1 \qquad (2\text{-}29)$$

式中　Δ——每根钢筋长短差或箍筋高低差；

l_d、l_c——分别为平面梯形构件纵、横向配筋最大和最小长度；

h_d、h_c——分别为立面梯形构件箍筋的最大和最小高度；

n——纵、横筋根数或箍筋个数；

s——纵、横筋最长筋与最短筋之间或最高箍筋与最低箍筋之间的距离；

a——纵、横筋或箍筋的间距。

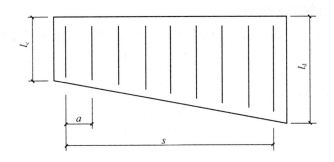

图 2-9　变截面梯形构件下料长度计算简图

四、圆形切块缩尺配筋下料长度计算

圆形切块的形状常见的有图 2-10 所示几种，缩尺钢筋是按等距均匀布置成直线形，计算方法与圆形构件直线形配筋相同，先确定每根钢筋所在位置的弦与圆心间的距离（即弦心距）C，弦长即可按下式计算：

$$l_0 = \sqrt{D^2 - 4C^2} \qquad (2\text{-}30)$$

或

$$l_0 = 2\sqrt{R^2 - C^2} \qquad (2\text{-}31)$$

$$l_0 = 2\sqrt{(R+C)(R-C)} \qquad (2\text{-}32)$$

弦长减去两端保护层厚度 d，即可求得钢筋长度 l_i：

$$l_i = \sqrt{D^2 - 4C^2} - 2d \qquad (2\text{-}33)$$

式中　l_i——圆形切块的弦长；

D——圆形切块的直径；

C——弦心距，即圆心至弦的垂线长；

R——圆形切块的半径。

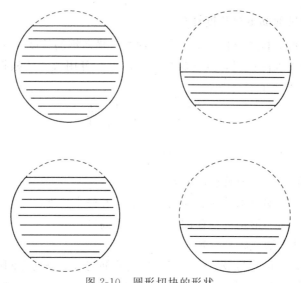

图 2-10   圆形切块的形状

五、椭圆形构件钢筋下料长度计算

设椭圆形长半轴长度为 a，短半轴长度为 b，则椭圆形的标准方程式为：

$$\frac{x^2}{a^2}+\frac{y^2}{b^2}=1 \tag{2-34}$$

经移项变形后得方程为：

$$x=a\sqrt{1-\left(\frac{y}{b}\right)^2} \tag{2-35}$$

$$y=b\sqrt{1-\left(\frac{x}{a}\right)^2} \tag{2-36}$$

将已知条件分别代入式 (2-35)、式 (2-36)，便可分别求出椭圆形板 x、y 轴方向每根钢筋下料长度。

六、曲线钢筋下料长度计算

(1) 曲线钢筋下料长度计算。

曲线钢筋下料长度采用分段按直线计算的方法。计算时，根据曲线方程 $y=f(x)$，沿水平方向分段，分段愈细，计算出的结果愈准确。每段长度 $l=x_i-x_{i-1}$，一般取 300～500 mm，然后求已知 x 值时的相应 y (y_i，y_{i-1}) 值，再用勾股弦定理计算每段的斜长（三角形的斜边），如图 2-11 所示，最后再将斜长（直线段）按下式叠加，即得曲线钢筋的下料长度（近似值）。

$$L=2\sum_{i=1}^{n}\sqrt{(y_i-y_{i-1})^2+(x_i-x_{i-1})^2} \tag{2-37}$$

式中 L——曲线钢筋长度；

x_i、y_i——曲线钢筋上任一点在 x、y 轴上的投影距离；

l——水平方向每段长度。

(2) 抛物线钢筋下料长度计算。

当构件一边为抛物线形时（图 2-12），抛物线钢筋的长度 L，可按下式计算：

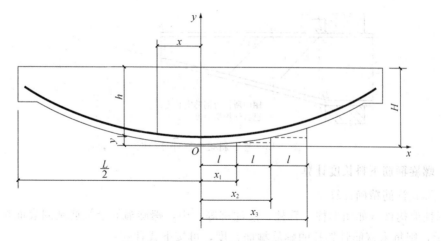

图 2-11 曲线钢筋下料长度计算简图

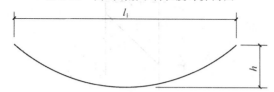

图 2-12 抛物线钢筋下料长度计算简图

$$L=\left(1+\frac{8h^2}{3l_1^2}\right)l_1 \qquad (2\text{-}38)$$

式中 h——抛物线的矢高；

l_1——抛物线水平投影长度。

（3）箍筋高度计算。

根据曲线方程，以箍筋间距确定 x_i 值，可求得 y_i 值（图 2-11），然后利用 x_i、y_i 值和施工图上有关尺寸，即可计算出该处的构件高度 $h_i = H - y_i$，再扣去上下层混凝土保护层厚度，即得各段箍筋高度。

七、悬臂斜梁弯筋下料长度计算

悬臂斜梁弯筋计算比较麻烦，一般可按几何图形用下列公式进行计算（图 2-13）：

$$BB'=\frac{AB\times BC}{AD-BC} \qquad (2\text{-}39)$$

$$A'B=\frac{(AB-50)\times(AB+BB')-BB'\times AD}{AD+AB+BB'} \qquad (2\text{-}40)$$

$$A'G=AB-50-A'B \qquad (2\text{-}41)$$

$$GF=\sqrt{2}\times A'G \qquad (2\text{-}42)$$

$$B'F=\sqrt{(A'G)^2+(A'B+BB')^2} \qquad (2\text{-}43)$$

$$CB'=\sqrt{(BB')^2+(BC)^2} \qquad (2\text{-}44)$$

$$FC=B'F-CB' \qquad (2\text{-}45)$$

即可计算出①号筋（GF、FC）的长度。

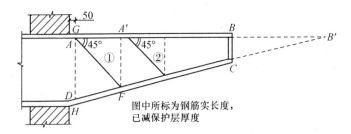

图 2-13　悬臂斜梁弯筋计算简图

八、螺旋箍筋下料长度计算

（1）螺旋箍筋精确计算。

在圆柱形构件（如图形柱、管柱、灌注桩等）中，螺旋箍筋沿主筋圆周表面缠绕，如图 2-14 所示，则每米钢筋骨架长的螺旋箍筋长度，可按下式计算：

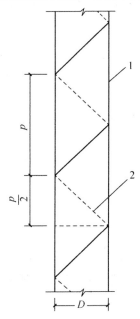

图 2-14　螺旋箍筋下料长度计算简图
1—主筋；2—螺旋箍筋

$$l = \frac{2\,000\pi a}{p}\left[1 - \frac{e^2}{4} - \frac{3}{64}(e^2)^2 - \frac{5}{256}(e^2)^3\right] \qquad (2\text{-}46)$$

其中
$$a = \frac{\sqrt{p^2 + 4D^2}}{4} \qquad (2\text{-}47)$$

$$e^2 = \frac{4a^2 - D^2}{4a^2} \qquad (2\text{-}48)$$

式中　l——每 1 m 钢筋骨架长的螺旋箍筋长度（mm）；

　　　p——螺距（mm）；

　　　π——圆周率，取 3.1416；

　　　D——螺旋线的缠绕直径，采用箍筋的中心距，即主筋外皮距离加上箍筋直径（mm）。

式（2-46）中括号内末项数值甚微，一般可略去，即：

$$l = \frac{2\,000\pi a}{p}\left[1 - \frac{e^2}{4} - \frac{3}{64}(e^2)^2\right] \tag{2-49}$$

（2）螺旋箍筋简易计算。

1）螺旋箍筋长度亦可按以下简化公式计算：

$$l = \frac{1\,000}{p}\sqrt{(\pi D)^2 + p^2} + \frac{\pi d}{2} \tag{2-50}$$

式中　d——螺旋箍筋的直径（mm）；

其他符号意义同前。

2）对于箍筋间距要求不大严格的构件，或当 p 与 D 的比值较小$\left(\frac{p}{D}<0.5\right)$时，螺旋箍筋长度也可以用机械零件设计中计算弹簧长度的近似公式即式（2-51）计算：

$$l = n\sqrt{p^2 + (\pi D)^2} \tag{2-51}$$

式中　n——螺旋圈数；

其他符号意义同前。

3）螺旋箍筋的长度亦可用类似缠绕三角形纸带的方法，根据勾股弦定理按下式计算（图 2-15）：

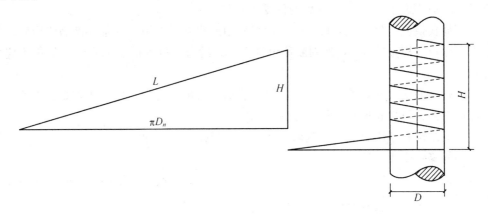

（a）三角形纸带　　　　（b）纸带缠绕的圆柱体

图 2-15　螺旋箍筋计算简图

$$L = \sqrt{H^2 + (\pi Dn)^2} \tag{2-52}$$

式中　L——螺旋箍筋的长度；

H——螺旋线起点到终点的垂直高度；

n——螺旋线的缠绕圈数；

其他符号意义同前。

第二节　钢筋代换计算

一、钢筋代换基本计算

（1）钢筋代换基本原则。

1）在施工中，已确认工地不可能供应设计图要求的钢筋品种和规格时，才允许根据库存条件进行钢筋代换。

2）代换前，必须充分了解设计意图、构件特征和代换钢筋性能，严格遵守国家现行设计规范和施工验收规范及有关技术规定。

3）代换后，仍能满足各类极限状态的有关计算要求以及必要的配筋构造规定（如受力钢筋和箍筋的最小直径、间距、锚固长度、配筋百分率以及混凝土保护层厚度等）；在一般情况下，代换钢筋还必须满足截面对称的要求。

4）对抗裂性要求高的构件（如起重机梁、薄腹梁、屋架下弦等），不宜用光面钢筋代换变形钢筋，以免裂缝开展过宽。

5）梁内纵向受力钢筋与弯折钢筋应分别进行代换，以保证正截面与斜截面强度。

6）偏心受压构件或偏心受拉构件（如框架柱、承受吊车荷载的柱、屋架上弦等）钢筋代换时，应按受力面（受压或受拉）分别代换，不得取整个截面配筋量计算。

7）对于吊车梁等承受反复荷载作用的构件，必要时，应在钢筋代换后进行疲劳验算。

8）当构件受裂缝宽度控制时，代换后应进行裂缝宽度验算。如代换后裂缝宽度有一定增大（但不超过允许的最大裂缝宽度，被认为代换有效），还应对构件作挠度验算。

9）同一截面内不同种类和直径的钢筋进行代换后，每根钢筋直径差不宜过大（同品种钢筋直径差一般不大于 5 mm），以免构件受力不匀。

10）钢筋代换应避免出现大材小用、优材劣用或非专料专用等现象。钢筋代换后，其用量不宜大于原设计用量的 5％，如判断原设计有一定潜力，也可以略微降低，但也不应低于原设计用量的 2％。

11）进行钢筋代换的效果，除应考虑代换后仍能满足结构各项技术性能要求之外，同时还要保证用料的经济性和加工操作的方便。

12）重要结构和预应力混凝土钢筋的代换应征得设计单位同意。

（2）钢筋等强度代换计算。

当结构构件按强度控制时，可按强度相等的方法进行代换，即代换后钢筋的钢筋抗力不小于施工图纸上原设计配筋的钢筋抗力，即

$$A_{s1} f_{y1} \leqslant A_{s2} f_{y2} \tag{2-53}$$

或

$$n_1 d_1^2 f_{y1} \leqslant n_2 d_2^2 f_{y2} \tag{2-54}$$

当原设计钢筋与拟代换的钢筋直径相同时：

$$n_1 f_{y1} \leqslant n_2 f_{y2} \tag{2-55}$$

当原设计钢筋与拟代换的钢筋级别相同时（即 $f_{y1} = f_{y2}$）：

$$n_1 d_1^2 \leqslant n_2 d_2^2 \tag{2-56}$$

式中 f_{y1}、f_{y2}——分别为原设计钢筋和拟代换钢筋的抗拉强度设计值（MPa）；

A_{s1}、A_{s2}——分别为原设计钢筋和拟代换钢筋的截面面积（mm²）；

n_1、n_2——分别为原设计钢筋和拟代换钢筋的根数（根）；

d_1、d_2——分别为原设计钢筋和拟代换钢筋的直径（mm）。

在普通钢筋混凝土构件中，高强度钢筋难以充分发挥作用，故多采用 HRB335 级、HRB400 级钢筋以及 HPB235 级钢筋。常用钢筋的强度标准值见表 2-7，强度设计值见表 2-8。

钢筋的截面面积 A_s 是根据其直径大小（对于变形钢筋，按公称直径计算），按圆形面积

计算公式 $A_s = \dfrac{\pi}{4}d^2$ 算出的，见表 2-9。用于板类构件 1 m 宽的钢筋截面面积 A_s 见表 2-10。

表 2-7 普通钢筋强变标准值 （单位：N/mm²）

牌号	符号	公称直径 d (mm)	屈服强度标准值 f_{yk}	极限强度标准值 f_{stk}
HPB300	Φ	6～22	300	420
HPB335 HPBF335	Φ Φ^F	6～50	335	455
HRB400 HRBF400 RRB400	Φ Φ^F Φ^R	6～50	400	540
HRB500 HRBF500	Φ Φ^F	6～50	500	630

表 2-8 普通钢筋强度设计值 （单位：N/mm²）

牌号	抗拉强度设计值 f_y	抗压强度设计值 f_y'
HPB300	270	270
HRB35、HRBF335	300	300
HRB400、HRBF400、RRB400	360	360
HRB500、HRBF500	435	410

表 2-9 钢筋截面面积 A_s （单位：mm²）

钢筋直径 (mm)	钢筋根数								
	1	2	3	4	5	6	7	8	9
4	12.6	25.1	37.7	50.3	62.8	75.4	88.0	100.5	113.1
5	19.6	29.3	58.9	78.5	98.2	117.8	137.4	157.1	176.7
6	28.3	56.5	84.8	113.1	141.4	169.6	197.9	226	254
8	50.3	100.5	150.8	201	251	302	352	402	452
9	63.6	127.2	190.9	254	318	382	445	509	573
10	78.5	157.1	236	314	393	471	550	628	707
12	113.1	226	339	452	565	679	792	905	1 018
14	153.9	308	462	616	770	924	1 078	1 232	1 385
16	201	402	603	804	1 005	1 206	1 407	1 608	1 810

续上表

钢筋直径	钢筋根数								
（mm）	1	2	3	4	5	6	7	8	9
18	254	509	763	1 018	1 272	1 527	1 781	2 036	2 290
20	314	628	942	1 257	1 571	1 885	2 199	2 513	2 827
22	380	760	1 140	1 521	1 901	2 281	2 661	3 041	3 421
25	491	982	1 473	1 963	2 454	2 945	3 436	3 927	4 418
28	616	1 232	1 847	2 463	3 079	3 695	4 310	4 926	5 542
32	804	1 608	2 413	3 217	4 021	4 825	5 630	6 434	7 238
36	1 018	2 036	3 054	4 072	5 089	6 107	7 125	8 143	9 161
40	1 257	2 513	3 770	5 027	6 283	7 540	8 796	10 053	11 310

表 2-10　1 m 宽的钢筋截面面积 A_s　　　　　　　　（单位：mm²）

钢筋间距	钢筋直径（mm）								
（mm）	6	6/8	8	8/10	10	10/12	12	12/14	14
80	353	491	628	805	982	1 198	1 414	1 669	1 924
90	314	436	559	716	873	1 065	1 257	1 484	1 710
100	283	393	503	644	785	958	1 131	1 335	1 539
110	257	357	457	585	714	871	1 028	1 214	1 399
120	236	327	419	537	654	798	942	1 113	1 283
130	217	302	387	495	604	737	870	1 027	1 184
140	202	280	359	460	561	684	808	954	1 100
150	188	262	335	429	524	639	754	890	1 026
160	177	245	314	403	491	599	707	834	962
170	166	231	296	379	462	564	665	785	906
180	157	218	279	358	436	532	628	742	855
190	149	207	265	339	413	504	595	703	810
200	141	196	251	322	393	479	565	668	770
210	135	187	239	307	374	456	539	636	733
220	129	178	228	293	357	436	514	607	700
230	123	171	219	280	341	417	492	581	699
240	118	164	209	268	327	399	471	556	641
250	113	157	201	258	314	383	452	534	616

式（2-53）至式（2-56）为一种钢筋代换另一种钢筋的情况，当多种规格钢筋代换时，

则有：

$$\sum n_1 f_{y1} d_1^2 \leqslant \sum n_2 f_{y2} d_2^2 \qquad (2\text{-}57)$$

当用两种钢筋代换原设计的一种钢筋时：

$$n_1 f_{y1} d_1^2 \leqslant n_2 f_{y2} d_2^2 + n_3 f_{y3} d_3^2 \qquad (2\text{-}58)$$

当用多种钢筋代换原设计的一种钢筋时：

$$n_1 f_{y1} d_1^2 \leqslant n_2 f_{y2} d_2^2 + n_3 f_{y3} d_3^2 + n_4 f_{y4} d_4^2 + \cdots \qquad (2\text{-}59)$$

式中符号意义同前，式中有下标"2""3""4"…的代表拟代换的两种或多种钢筋。

具体应用式（2-58）时，可将该式写为：

$$n_3 \geqslant \frac{n_1 f_{y1} d_1^2 - n_2 f_{y2} d_2^2}{f_{y3} d_3^2} \qquad (2\text{-}60)$$

令

$$a = n_1 \frac{f_{y1} d_1^2}{f_{y3} d_3^2}, \quad b = \frac{f_{y2} d_2^2}{f_{y3} d_3^2}$$

则有：

$$n_3 \geqslant a - bn_2 \qquad (2\text{-}61)$$

当假定一个 n_2 值，便可得到一个相应的 n_3 值，因此应多算几种情况进行比较，以便得到一个较为经济合理的钢筋代换方案。

同样，具体应用式（2-59）时，可将该式写为：

$$n_2 \geqslant \frac{n_1 f_{y1} d_1^2 - n_3 f_{y3} d_3^2 - n_4 f_{y4} d_4^2}{f_{y2} d_2^2} \qquad (2\text{-}62)$$

需要假定 n_3，n_4，…，才能根据式（2-62）计算出 n_2 值。虽然计算过程较繁琐，但也必须多算几种情况，以供比较、选择。

实际只有当钢筋根数很多时，才用多种钢筋代换原设计一种钢筋。

（3）钢筋等强代换的查表简易计算。

1）查表对比法。

查表对比法是利用已制成的各种规格和根数的钢筋抗力值（表 2-11、表2-12），对原设计和拟代换的钢筋进行对比，从而确定可代换的钢筋规格和根数。本法适用于钢筋根数较少的情况（钢筋不多于 9 根），并且可以确定多种钢筋代换方案。表 2-12 为用于板类构件计算的 1 m 宽的钢筋抗力值 $f_y A_s$（钢筋抗力按 HPB235 级钢筋计）。

表 2-11　钢筋抗力值 $f_y A_s$　　　　　　　　（单位：kN）

钢筋规格	钢筋根数								
	1	2	3	4	5	6	7	8	9
Φ 6	5.94	11.88	17.81	23.75	29.69	35.63	41.56	47.50	43.44
Φ 8	10.56	21.11	31.67	42.22	52.78	63.33	73.89	84.45	95.00
Φ 9	13.36	26.72	40.08	53.44	66.80	80.16	93.52	106.9	120.2
Φ 10	16.49	32.99	49.48	65.97	82.47	98.96	115.5	131.9	148.4
Φ 12	23.75	47.50	71.25	95.00	118.8	142.5	166.3	190.0	213.8
Φ 14	32.33	64.65	96.98	129.3	161.6	194.0	226.3	258.6	290.9

续上表

钢筋规格	钢筋根数								
	1	2	3	4	5	6	7	8	9
Φ16	42.22	84.45	126.7	168.9	211.1	253.3	295.6	337.8	380.0
Φ18	53.44	106.9	160.3	213.8	267.2	320.6	374.1	427.5	480.9
Φ20	65.97	131.9	197.9	263.9	329.9	395.8	461.8	527.8	593.8
Φ22	79.83	159.7	239.5	319.3	399.1	479.0	558.8	638.6	718.5
Φ25	103.1	206.2	309.3	412.3	515.4	618.5	721.6	824.7	927.8
Φ28	129.3	258.6	387.9	517.2	646.5	775.8	905.2	1034	1164
Φ32	168.9	337.8	506.7	675.6	844.5	1 013	1 182	1 351	1 520
Φ36	213.8	427.5	641.3	855.0	1 069	1 283	1 496	1 710	1 924
Φ40	263.9	527.8	791.7	1 056	1 319	1 583	1 847	2 111	2 375
Φ6	8.49	16.97	25.44	33.93	42.42	50.90	57.37	67.86	76.34
Φ8	15.08	30.15	45.24	60.32	75.39	90.47	105.6	120.7	135.7
Φ10	23.56	47.12	70.68	94.24	117.8	141.4	164.9	188.5	212.0
Φ12	33.93	67.86	101.8	135.7	169.6	203.6	237.5	271.4	305.3
Φ14	45.67	92.36	138.6	184.7	230.9	277.1	323.2	369.5	415.6
Φ16	60.32	120.7	181.0	241.2	301.5	361.9	422.2	482.5	542.9
Φ18	76.34	152.7	229.1	305.3	381.7	458.0	534.4	610.7	687.1
Φ20	94.24	188.5	282.8	377.0	471.2	565.4	659.7	753.9	848.2
Φ22	114.0	228.1	342.1	456.2	570.2	684.2	798.3	894.8	1027
Φ25	147.3	294.5	441.8	989.0	736.3	883.5	1 031	1 178	1 326
Φ28	172.8	345.6	518.4	691.2	864.0	1 036	1 210	1 383	1 555
Φ32	225.7	451.4	677.1	902.8	1 128	1 354	1 580	1 806	2 031
Φ36	285.7	571.3	857.0	1 143	1 428	1 714	1 999	2 285	2 571
Φ40	352.6	705.3	1 058	1 411	1 763	2 116	2 469	2 821	3 174
Φ6	10.18	20.37	30.53	40.71	50.90	61.08	71.25	81.43	91.61
Φ8	18.10	36.19	54.29	72.38	90.48	108.6	126.7	144.8	162.9
Φ10	28.27	56.55	84.82	113.1	141.3	169.6	197.9	226.2	254.4
Φ12	40.71	81.43	122.2	162.8	203.6	244.3	285.0	325.7	366.5
Φ14	55.42	110.9	166.2	221.1	276.3	332.5	387.9	443.3	498.8
Φ16	72.40	144.7	217.2	289.4	361.9	343.3	506.6	579.1	651.4
Φ18	91.61	183.2	274.9	366.5	458.0	549.6	641.2	732.9	824.5

续上表

钢筋规格	钢筋根数								
	1	2	3	4	5	6	7	8	9
Φ20	113.1	226.2	339.2	452.4	565.5	678.6	789.4	904.7	1 018
Φ22	136.8	273.7	410.5	547.4	684.2	821.1	957.9	1095	1231
Φ25	176.7	353.4	530.1	706.8	883.6	1 060	1 237	1 413	1 590
Φ28	221.7	443.3	665.0	886.6	1 109	1 330	1 551	1 773	1 995
Φ32	289.5	579.1	868.5	1 158	1 447	1 737	2 027	2 310	2 606
Φ36	366.5	732.9	1 099	1 465	1 832	2 198	2 565	2 932	3 298
Φ40	452.4	904.7	1 357	1 809	2 262	2 715	3 167	3 619	4 071

表 2-12　1 m 宽的钢筋抗力值 $f_y A_s$　　　　　　　　（单位：kN）

钢筋间距 (mm)	钢筋直径（mm）								
	6	6/8	8	8/10	10	10/12	12	12/14	14
80	74.22	103.1	131.9	169.1	206.2	251.5	196.9	350.5	404.1
90	65.97	91.63	117.3	150.3	183.3	223.6	263.9	311.5	359.2
100	59.38	82.47	105.6	135.2	164.9	201.2	237.5	280.4	323.3
110	53.98	74.97	95.96	123.0	149.9	182.9	215.9	254.9	293.9
120	49.48	68.72	87.96	112.7	137.4	167.7	197.9	233.7	269.4
130	45.67	63.44	81.20	104.0	126.9	154.8	182.7	215.7	248.7
140	42.41	58.90	75.40	96.60	117.8	143.7	169.6	200.3	230.9
150	39.58	54.98	70.37	90.16	110.0	134.1	158.3	186.9	215.5
160	37.11	51.54	65.97	84.53	103.1	125.8	148.4	175.2	202.0
170	4.92	48.51	62.09	79.56	97.02	118.4	139.7	164.9	190.2
180	32.99	45.81	58.64	75.14	91.63	111.8	131.9	155.8	179.6
190	31.25	43.40	55.56	71.18	86.81	105.9	125.0	147.6	170.1
200	29.69	41.23	52.78	67.62	82.47	100.6	118.8	140.2	161.6
210	28.27	39.27	50.27	64.40	78.54	95.82	113.1	133.5	153.9
220	26.99	37.48	47.98	51.48	74.97	91.46	108.0	127.4	146.9
230	25.82	35.86	45.89	58.80	71.71	87.49	103.3	121.9	140.6
240	24.74	34.36	43.98	56.35	68.72	83.84	98.96	116.8	134.7
250	23.75	32.99	42.22	54.10	65.97	80.49	95.00	112.2	129.3

2）代换系数法。

代换系数法是利用已制成的几种常用钢筋按等强度计算的截面面积代换系数（表2-13），对原设计和拟代换的钢筋进行代换，从而确定可代换的钢筋规格和根数。如果以两种规格的钢筋交替（即排放钢筋时）间隔分放两种规格代换一种规格的钢筋，或一种规格的钢筋代换两种规格的钢筋，只需取两个系数相加，得出的系数等于一种或两种规格的钢筋系数即可。

表 2-13　钢筋按等强度计算的截面积换算表

直径(mm)	1 HPB235 Φ210	1 HRB335 Φ300	1 HRB400 Φ360	2 HPB235 Φ210	2 HRB335 Φ300	2 HRB400 Φ360	3 HPB235 Φ210	3 HRB335 Φ300	3 HRB400 Φ360	4 HPB235 Φ210	4 HRB335 Φ300	4 HRB400 Φ360	理论质量(kg/m)	直径(mm)
	1.000	1.428	1.714	1.000	1.428	1.714	1.000	1.428	1.714	1.000	1.428	1.714		
8	0.503	0.718	0.862	1.005	1.435	1.723	1.508	2.153	2.585	2.011	2.872	3.447	0.395	8
9	0.636	0.908	1.090	1.272	1.816	2.180	1.909	2.726	3.272	2.545	3.634	4.362	0.499	9
10	0.785	1.121	1.345	1.571	2.243	2.693	2.356	3.364	4.038	3.142	4.487	5.385	0.617	10
12	1.131	1.615	1.939	2.262	3.230	3.887	3.393	4.845	5.816	4.524	6.460	7.751	0.888	12
14	1.539	2.198	2.638	3.079	4.397	5.277	4.618	6.595	7.915	6.158	8.794	10.535	1.208	14
16	2.011	2.872	3.447	4.021	5.742	6.892	6.032	8.614	10.339	8.042	11.484	13.784	1.578	16
18	2.545	3.634	4.362	5.089	7.267	8.723	7.634	10.901	13.085	10.179	14.536	11.950	1.998	18
20	3.142	4.487	5.385	6.283	8.972	10.769	9.425	13.459	16.154	12.566	17.944	21.538	2.466	20
22	3.801	5.428	6.515	7.603	10.857	13.032	11.404	16.285	19.546	15.205	21.713	26.061	2.984	22
25	4.909	7.010	8.414	9.817	14.019	16.826	14.726	21.029	25.240	19.635	28.039	33.651	3.858	25
28	6.153	8.786	10.546	12.315	17.586	21.108	18.473	26.379	31.663	24.630	35.172	12.216	4.834	28
32	8.043	11.485	13.786	16.085	22.969	27.570	24.127	34.453	41.354	32.170	43.939	35.139	6.313	32
36	10.179	14.536	17.447	20.385	29.110	34.940	30.536	43.605	52.339	40.715	58.141	69.786	7.990	36
40	12.561	17.937	21.530	25.133	35.890	43.078	37.699	53.834	64.616	50.265	71.778	86.154	9.865	40
8	2.513	3.589	4.307	3.016	4.307	5.169	3.519	5.025	6.032	4.021	5.742	6.892	0.395	8
9	3.181	4.542	5.452	3.817	5.451	6.542	4.453	6.359	7.632	5.089	7.267	8.723	0.499	9
10	3.927	5.608	6.731	4.712	6.729	8.076	5.498	7.851	9.424	6.283	8.972	10.769	0.617	10
12	5.655	8.075	9.693	6.786	9.690	11.631	7.917	11.305	13.570	9.048	12.921	15.508	0.888	12

续上表

在下列钢筋根数时钢筋按等强度计算的截面面积（mm²）

直径(mm)	1 HPB235 Φ 210 1.000	1 HRB335 Φ 300 1.428	1 HRB400 Φ 360 1.714	2 HPB235 Φ 210 1.000	2 HRB335 Φ 300 1.428	2 HRB400 Φ 360 1.714	3 HPB235 Φ 210 1.000	3 HRB335 Φ 300 1.428	3 HRB400 Φ 360 1.714	4 HPB235 Φ 210 1.000	4 HRB335 Φ 300 1.428	4 HRB400 Φ 360 1.714	理论质量 (kg/m)	直径 (mm)
14	7.697	10.991	13.193	9.236	13.189	15.831	10.776	15.388	18.470	12.315	17.586	21.108	1.208	14
16	10.053	14.356	17.231	12.064	17.227	20.678	14.074	20.098	24.123	16.085	22.969	27.570	1.578	16
18	12.723	18.168	21.807	15.268	21.803	26.169	17.813	25.437	30.531	20.358	29.071	34.894	1.998	18
20	15.708	22.431	26.924	18.850	26.918	32.309	21.991	31.403	37.693	25.133	35.890	43.078	2.466	20
22	19.007	27.142	32.578	22.808	32.570	39.093	26.609	37.998	45.608	30.411	43.427	52.124	2.984	22
25	24.544	35.049	42.068	29.452	42.057	50.481	34.361	49.068	58.895	39.270	56.078	67.309	3.853	25
28	30.788	43.965	52.771	36.945	52.757	63.324	43.103	61.551	73.879	49.260	70.343	84.432	4.834	28
32	40.212	57.423	68.923	48.255	68.908	82.709	56.297	80.392	96.493	64.340	91.878	110.279	6.313	32
36	50.894	72.677	87.232	61.073	87.212	104.679	71.251	101.746	122.124	81.430	116.282	139.571	7.990	36
40	62.830	89.721	107.691	75.398	107.668	129.232	87.965	125.614	150.772	100.531	143.558	172.310	9.865	40

注：表中换算系数 HRB335/HPB235＝300/210＝1.429；HRB400/HPB235＝360/210＝1.714；RRB400/HPB235＝360/210＝1.714。

运用本法进行钢筋代换时不用计算,从表 2-9 中可直接查得结果,比较简易方便,适用于根数较多的情况。

(4) 钢筋等面积代换计算。

当构件按最小配筋率配筋时,钢筋可按面积相等的方法进行代换:

$$A_{s1} \leqslant A_{s2} \tag{2-63}$$

或

$$n_1 d_1^2 \leqslant n_2 d_2^2 \tag{2-64}$$

式中 A_{s1}、n_1、d_1——分别为原设计钢筋的计算截面面积(mm²)、根数(根)、直径(mm);

A_{s2}、n_2、d_2——分别为拟代换钢筋的计算截面面积(mm²)、根数(根)、直径(mm)。

(5) 冷轧扭钢筋代换计算。

当结构构件的承载能力采用冷轧扭钢筋(Ⅰ型)代换 HPB235 级钢筋时,其截面面积应按下式计算:

$$A_s = 0.583 A_1 \tag{2-65}$$

式中 A_s——冷轧扭钢筋截面面积(mm²);

A_1——HPB235 级钢筋截面面积(mm²)。

冷轧扭钢筋与 HPB235 级钢筋单根抗拉强度设计值可按表 2-14 选用。

表 2-14 冷轧扭钢筋与 HPB235 级钢筋单根抗拉强度设计值

HPB235 级钢筋			冷轧扭钢筋(Ⅰ型)		
直径 d (mm)	截面面积 A_s (mm²)	单根钢筋抗拉强度设计值(kN)	标志直径 d (mm)	截面面积 A_s (mm²)	单根钢筋抗拉强度设计值(kN)
8	50.3	10.56	6.5	29.5	10.62
10	78.5	16.49	8	45.3	16.31
12	113.1	23.75	10	68.3	24.59
14	153.9	32.32	12	93.3	33.59
16	201.0	42.22	14	132.7	47.77

每米板宽 HPB235 级钢筋改用冷轧扭钢筋(Ⅰ型)代换,可按表 2-15 选用。例如原设计板配筋为 HPB235 级钢筋,直径为 8 mm,间距为 150 mm,查表 2-15 可知,可用直径为 6.5 mm,间距为 150 mm 冷轧扭钢筋(Ⅰ型)代换。

表 2-15 每米板宽 HPB235 级钢筋改用冷轧扭钢筋(Ⅰ型)代换

HPB235 级钢筋			冷轧扭钢筋		
直径(mm)	间距(mm)	面积(mm)²	标志直径(mm)	间距(mm)	面积(mm²)
6.5	100	332	6.5	150	197
	150	221		200	148
	200	166		300	98
	250	132		—	—
	300	110		—	—

续上表

HPB235 级钢筋			冷轧扭钢筋		
直径（mm）	间距（mm）	面积（mm²）	标志直径（mm）	间距（mm）	面积（mm²）
8	100	503	6.5	100	295
	150	335		150	197
	200	252		200	148
	250	201		250	118
	300	166		300	98
10	100	785	8	100	453
	150	524		150	302
	200	393		200	227
	250	314		250	181
	300	262		300	151
12	100	1 131	10	100	683
	150	754		150	455
	200	565		200	342
	250	452		250	273
	300	373		300	228
14	100	1 539	12	100	933
	150	1 026		150	622
	200	770		200	467
	250	616		250	373
	300	513		300	311
16	100	2 010	14	100	1 327
	150	1 340		150	885
	200	1 005		200	664
	250	804		250	531
	300	670		300	442

二、钢筋等弯矩代换计算

梁类构件钢筋代换，除了钢筋的截面强度需满足原设计要求外，有时还需验算钢筋代换后梁的抗弯（或抗剪）承载力（强度）是否满足原设计要求。

钢筋代换时，如果钢筋直径加大或根数增多，需要增加排数，从而会使构件截面的有效高度 h_0 相应减小，截面强度降低，不能满足原设计抗弯强度要求，此时应对代换后的截面强度进行复核。如果不能满足要求，应稍增加配筋予以弥补，使其与原设计抗弯强度相当。对常用矩形截面的受弯构件，可按以下公式复核截面强度。

由钢筋混凝土结构计算可知,矩形截面所能承受的设计弯矩 M_u 为:

$$M_u = A_s f_y \left(h_0 - \frac{A_s f_y}{2 f_c b} \right) \tag{2-66}$$

钢筋代换后应满足下式要求:

$$A_{s2} f_{y2} \left(h_{02} - \frac{A_{s2} f_{y2}}{2 f_c b} \right) \geqslant A_{s1} f_{y1} \left(h_{01} - \frac{A_{s1} f_{y1}}{2 f_c b} \right) \tag{2-67}$$

式中　A_{s1}、A_{s2}——分别为原设计钢筋和拟代换钢筋的计算截面面积（mm^2）;

　　　　f_{y1}、f_{y2}——分别为原设计钢筋和拟代换钢筋的抗拉强度设计值（MPa）;

　　　　h_{01}、h_{02}——分别为原设计钢筋和拟代换钢筋合力作用点至构体截面受压边缘的距离（mm）;

　　　　f_c——混凝土的抗压强度设计值（C20 混凝土为 9.6 MPa,C25 混凝土为 11.9 MPa,C30 混凝土为 14.3 MPa）;

　　　　b——构件截面宽度（mm）。

三、钢筋代换抗裂度、挠度计算

当结构构件按裂缝宽度或挠度控制时（如水池、水塔、贮液罐、承受水压的地下室墙、烟囱、贮仓或重型起重机梁及屋架、托架的受拉杆件等）,其钢筋代换如用同品种粗钢筋等强度代换细钢筋,或用光圆钢筋代换带肋钢筋,应按《混凝土结构设计规范》（GB 50010—2010）执行,按代换后的配筋重新验算裂缝宽度是否满足要求。如代换后钢筋的总截面面积减小,应同时验算裂缝宽度和挠度。

对钢筋混凝土受拉、受弯和偏心受压构件及预应力混凝土轴心受拉和受弯构件等,考虑裂缝宽度分布的不均匀性和荷载长期效应组合的影响,其最大裂缝宽度 w_{max}（mm）可按下式计算:

$$w_{max} = \alpha_{cr} \psi \frac{\sigma_{sk}}{E_s} \left(1.9c + 0.08 \frac{d_{eq}}{\rho_{te}} \right) \tag{2-68}$$

受弯构件挠度验算其长期刚度 B 可按下式计算:

$$B = \frac{M_k}{M_q (\theta - 1) + M_k} B_s \tag{2-69}$$

荷载短期效应组合作用下受弯构件的短期刚度 B_s 可按下式计算:

$$B_s = \frac{E_s A_s h_0^2}{1.15\psi + 0.2 + \frac{6\alpha_E \rho}{1 + 3.5\gamma'_f}} \tag{2-70}$$

式中　ψ——钢筋应变不均匀系数;

　　　　σ_{sk}——纵向受拉钢筋的应力;

　　　　ρ_{te}——钢筋配筋率;

　　　　M_q——按荷载的准永久组合计算的弯矩,取计算区段内的最大弯矩值;

　　　　B_s——按荷载永久组合计算的钢筋混凝土受弯构件或按标准组合计算的预应力混凝土受弯构件的短期刚度;

　　　　α_E——钢筋弹性模量与混凝土弹性模量的比值;

　　　　E_s——钢筋弹性模量;

　　　　w_{max}——最大裂缝宽度;

　　　　c——常数,$c=25$;

α_{cr}——构件受力特征系数；

d_{eq}——纵向钢筋直径；

A_s——代换钢筋截面面积；

h_0——构件截面有效高度；

γ'_f——截面重心至纵向受拉普通钢筋合力点的距离。

一般简单的钢筋混凝土构件受荷情况及其最大挠度值 f_{max} 可按下式计算：

$$f_{max} = k_y \frac{M_k}{B} l_0^2 \tag{2-71}$$

式中　B——受弯构件长期刚度；

　　　k_y——系数（简支梁受均布荷载为 $5/48$；受中心集中荷载为 $1/12$；两端受弯矩 M 为 $1/8$）；

　　　M_k——梁所受最大弯矩；

　　　l_0——梁的净跨度。

四、钢筋代换抗剪承载力计算

设有弯折钢筋的梁类构件如图 2-16 所示，当钢筋代换后使截面 1-1、2-2 和 3-3 的纵向受力钢筋均符合与原设计等强的要求，但弯折钢筋的钢筋抗力有所降低时，宜以适当增强箍筋的方法补强。

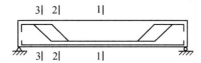

图 2-16　钢筋代换抗剪承载力计算简图

弯折钢筋影响斜截面抗剪承载力（强度）的降低值 V_j，可按下式计算：

$$V_j = 0.8 (A_{sb1} f_{y1} - A_{sb2} f_{y2}) \sin\alpha_s \tag{2-72}$$

代换箍筋量按下式计算：

$$\frac{A_{sv2} f_{yv2}}{s_2} \geqslant \frac{A_{sv1} f_{yv1}}{s_1} + \frac{2V_j}{3h_0} \tag{2-73}$$

式中　f_{y1}、f_{y2}——分别为原设计钢筋和拟代换钢筋的抗拉强度设计值（MPa）；

　　　A_{sb1}、A_{sb2}——分别为同一起截面内原设计钢筋和拟代换钢筋的截面面积（mm²）；

　　　α_s——斜截面上弯折钢筋与构件纵向轴线的夹角（°）；

　　　f_{yv1}、f_{yv2}——分别为原设计和拟代换箍筋的抗拉强度设计值（MPa）；

　　　A_{sv1}、A_{sv2}——分别为原设计和拟代换双肢箍筋的截面面积（mm²）；

　　　s_1、s_2——分别为原设计和拟代换箍筋沿构件长度方向上的间距（mm）；

　　　h_0——构件截面的有效高度（mm）。

钢筋代换的介绍

施工中如供应的钢筋品种和规格与设计图样要求不符时，可以进行代换。但代换时，必须充分了解设计意图和代换钢材的性能，严格遵守规范的各项规定。对抗裂性要求较高的构件，不宜用光面钢筋代换变形钢筋；钢筋代换时不宜改变构件中有效高度。

当钢筋的品种、级别或规格需作变更时，应办理设计变更文件。当需要代换时，必须征得设计单位同意，并应符合下列要求。

（1）不同种类钢筋的代换，应按钢筋受拉承载力设计值相等的原则进行。代换后应满足混凝土结构设计规范中有关间距、锚固长度、最小钢筋直径、根数等要求。

（2）对有抗震要求的框架钢筋需代换时，应符合上条规定，不宜以强度等级较高的钢筋代替原设计中的钢筋；对重要受力结构，不宜用Ⅰ级钢筋代换带肋钢筋。

（3）当构件受抗裂、裂缝宽度或挠度控制时，钢筋代换时应重新进行验算；梁的纵向受力钢筋与弯起钢筋应分别进行代换。

代换后的钢筋用量不宜大于原设计用量的 5%，亦不宜低于 2%，且应满足规范规定的最小钢筋直径、根数、间距、锚固长度等要求。

第三章　钢筋加工施工技术

第一节　钢筋调直与除锈

一、钢筋调直

钢筋调直分人工调直和机械调直两类。人工调直可分为绞盘调直（多用于 12 mm 以下的钢筋、板柱）、铁柱调直（用于粗钢筋）、蛇形管调直（用于冷拔低碳钢丝）。机械调直常用的有钢筋调直机调直（用于冷拔低碳钢丝和细钢筋）、卷扬机调直（用于粗细钢筋）。

钢筋调直机具的介绍

钢筋工程中对直径小于 12 mm 的线材盘条，要展开调直后才可进行加工制作；对大直径的钢筋，要在其对焊调直后检验其焊接质量。这些工作一般都要通过冷拉设备完成。钢筋的冷拉设备如图 3-1 所示，它由卷扬机、滑轮组、冷拉小车、夹具、地锚等组成。

工程中，对钢筋的调直亦可通过调直机进行，调直机调直原理如图 3-2 所示。目前它已发展成多功能机械，有除锈、调直及切断等功能，对小直径钢筋可以一次完成这些功能。

采用液压千斤顶的冷拉装置如图 3-3 所示。其中（c）、（d）为使用长冲程液压千斤顶冷拉，其自动化程度及生产效率较高。

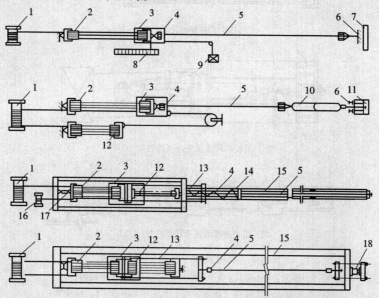

图 3-1　卷扬机冷拉钢筋设备工艺布置示意图

1—卷扬机；2—滑轮组；3—冷拉小车；4—钢筋夹具；5—钢筋；6—地锚；7—防护壁；
8—标尺；9—回程荷重架；10—连接杆；11—弹簧测力器；12—回程滑轮组；13—传力架；
14—钢压柱；15—槽式台座；16—回程卷扬机；17—电子秤；18—液压千斤顶

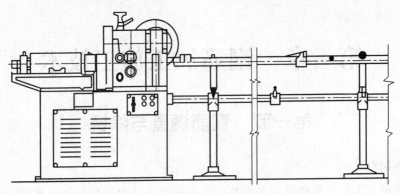

图 3-2   GT4×8 钢筋调直机

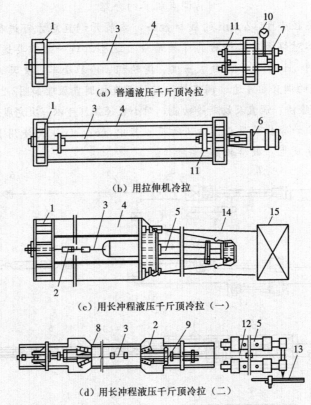

(a) 普通液压千斤顶冷拉

(b) 用拉伸机冷拉

(c) 用长冲程液压千斤顶冷拉 (一)

(d) 用长冲程液压千斤顶冷拉 (二)

图 3-3   采用液压千斤顶的冷拉装置

1—横梁；2—夹具；3—钢筋；4—台座压柱或预制构件；

5—长冲程液压千斤顶 (活塞行程 1.00~1.40 m)；6—拉伸机；

7—普通液压千斤顶；8—工字钢轨道；9—油缸；10—压力表；11—传力架；

12—拉杆；13—充电计算装置；14—钢丝绳；15—荷重架

钢筋调直的具体要求如下。

（1）对局部曲折、弯曲或成盘的钢筋应加以调直。

（2）钢筋调直普遍使用慢速卷扬机拉直和用调直机调直，在缺乏调直设备时，粗钢筋可采用弯曲机、平直锤或用卡盘、扳手、锤击矫直；细钢筋可用绞盘（磨）拉直或用导轮、蛇形管调直装置来调直，如图 3-4 所示。

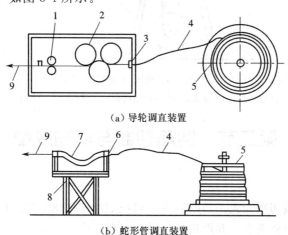

（a）导轮调直装置

（b）蛇形管调直装置

图 3-4　导轮和蛇形管调直装置

1—导轮；2—辊轮；3—旧拔丝模；4—细钢筋或钢丝；5—盘条架；

6—旧滚珠轴承；7—蛇形管；8—支架；9—人力牵引

（3）采用钢筋调直机调直冷拔低碳钢丝和细钢筋时，要根据钢筋的直径选用调直模和传送辊，并要恰当掌握调直模的偏移量和压紧程度。

（4）用卷扬机拉直钢筋时，应注意控制冷拉率：HPB235 级钢筋不宜大于 4%；HRB335、HRB400 级钢筋及不准采用冷拉钢筋的结构，不宜大于 1%。用调直机调直钢丝和用锤击法平直粗钢筋时，表面伤痕不应使截面积减少 5% 以上。

（5）调直后的钢筋应平直，无局部曲折；冷拔低碳钢丝表面不得有明显擦伤。应当注意：冷拔低碳钢丝经调直机调直后，其抗拉强度一般要降低 10%～15%，使用前要加强检查，按调直后的抗拉强度选用。

（6）已调直的钢筋应按级别、直径、长短、根数分扎成若干小扎，分区堆放整齐。

二、钢筋除锈

工程中钢筋的表面应洁净，以保证钢筋与混凝土之间的握裹力。钢筋上的油漆、漆污和用锤敲击时能剥落的乳皮、铁锈等应在使用前清除干净。带有颗粒状或片状老锈的钢筋不得使用。

钢筋的除锈一般可通过以下两个途径：一是在钢筋冷拉或钢丝调直过程中除锈，这对大量钢筋的除锈较为经济省力；二是用机械方法除锈，如采用电动除锈机除锈，这对钢筋的局部除锈较为方便。此外，还可采用手工除锈（用钢丝刷、砂盘）、喷砂和酸洗除锈等。

电动除锈机，如图 3-5 所示。该机的圆盘钢丝刷有成品供应，也可用废钢丝绳头拆开编成，其直径为 20～30 cm、厚度为 5～15 cm、转速为 1 000 r/min 左右，电动机功率为 1.0～1.5 kW。为了减少除锈时灰尘飞扬，应装设排尘罩和排尘管道。

在除锈过程中发现钢筋表面的氧化铁皮鳞落现象严重并已损伤钢筋截面，或在除锈后钢筋表面有严重的麻坑、斑点伤蚀截面时，应降级使用或剔除不用。

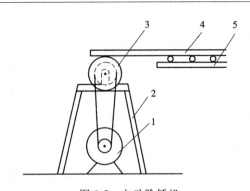

图 3-5　电动除锈机

1—电动机；2—支架；3—圆盘钢丝刷；4—钢筋；5—滚轴台

第二节　钢筋切断与弯曲成型

一、钢筋切断

钢筋切断分为机械切断和人工切断两种。机械切断常用钢筋切断机，操作时要保证断料正确，钢筋与切断机口要垂直，并严格执行操作规程，确保安全。在切断过程中，如发现钢筋有劈裂、缩头或严重的弯头，必须切除。手工切断常采用手动切断机（用于直径 16 mm 以下的钢筋）、克子（又称踏扣，用于直径 6～32 mm 的钢筋）、断线钳（用于钢丝）等几种工具。

钢筋切断机具的介绍

（1）切断机。目前工程中常用的切断机械的型号有 GJ5-40 型、QJ40-1 型、GJ5Y-32 型等三种。其主要性能见表 3-1。

表 3-1　钢筋切断机技术性能

机械型号	切断直径（mm）	外形尺寸（mm）	功率（kW）	重量（kg）
GJ5-40	6～40	1770×685×828	7.5	950
GJ40-1	6～40	1400×600×780	5.5	450
GJ5Y-32	8～32	889×396×398	3.0	145

（2）手动液压切断器。手动液压切断器如图 3-6 所示。型号为 GJ5Y-16，切断力 80 kN，活塞行程为 30 mm，压柄作用力 220 N，总重量 6.5 kg，可切断直径 16 mm 以下的钢筋。这种机具体积小、重量轻，操作简单，便于携带。

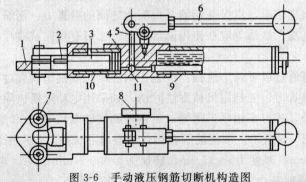

图 3-6　手动液压钢筋切断机构造图

1—滑轨；2—刀片；3—活塞；4—缸体；5—柱塞；6—压杆；

7—拔销；8—放油阀；9—贮油筒；10—回位弹簧；11—吸油阀

切断操作应注意以下几点。

（1）钢筋切断应合理统筹配料。

将相同规格的钢筋根据不同长短搭配，统筹配料。一般先断长料，后断短料，以减少短头、接头和损耗。避免用短尺量长料，以免产生累积误差。切断操作时应在工作台上标出尺寸刻度并设置控制断料尺寸用的挡板。

（2）机器使用前的准备工作。

1）旋开机器前部的吊环螺栓，向机内加入 20 号机械油约 5 kg，使油达到油标上线即可，加完油后，拧紧吊环螺栓。

2）用手转动皮带轮，检查各部运动是否正常。

3）检查刀具安装是否正确、牢固，两刀片侧隙是否在 0.1～0.5 mm 范围内，必要时可在固定刀片侧面加垫板（0.5 mm、1 mm 钢板）调整。

4）紧固各松动的螺栓，紧固防护罩，清理机器上和工作场地周围的障碍物。

5）电器线路应完好无损、安全接地。接线时，应使飞轮转动方向与外罩箭头方向一致。

6）给针阀式油杯内加足 20 号机械油，调整好滴油次数，使其每分钟滴 8～10 次，并检查油滴是否准确地滴入 M7 齿圈和离合器体的结合面凹槽处，空运转前滴油时间不得少于 5 min。

7）空运转 10 min，踩踏离合器 3～5 次，检查机器运转是否正常。如有异常现象应立即停机，检查原因，排除故障。

（3）使用时注意事项。

1）机器运转时，禁止进行任何清理及修理工作。

2）机器运转时，禁止取下防护罩，以免发生事故。

3）钢筋必须在刀片的中下部切断，以延长机器的使用寿命。

4）钢筋只能用锋利的刀具切断，如果产生崩刃或刀口磨钝时，应及时更换或修磨刀片。

5）机器启动后，应在运转正常后开始切料。

6）机器工作时，应避免在满负荷下连续工作，以防电动机过热。

7）切断多根钢筋时，必须将钢筋上下整齐排放，使每根钢筋均达到两刀片同时切料，以免刀片崩刃、钢筋弯头等。

8）切断钢筋时，应使钢筋紧贴挡料块及固定刀片。切粗料时，转动挡料块，使支承面后移，反之则前移，以达到切料正常。

（4）机器的保养。

1）停机后，及时清理各部污垢、铁锈等杂物，易锈处涂黄油。

2）随时检查机器轴套和轴承的发热情况。一般正常情况应是手感不热，如感觉烫手时，应及时停机检查，查明原因，排除故障后再继续使用。

3）机器长时间停止工作时，需拆下电动机置于干燥处。

4）机器连续使用时，需每年大修一次；离合器体部位需每月清洗保养一次。

二、钢筋弯钩、弯折的规定

（1）受力钢筋的弯钩和弯折应符合下列规定。

1）HPB235 级钢筋末端应作 180°弯钩，其弯弧内直径不应小于钢筋直径的 2.5 倍，弯钩的弯后平直部分长度不应小于钢筋直径的 3 倍，如图 3-7 所示。

2）当设计要求钢筋末端需作 135°弯钩时，HRB335 级、HRB400 级钢筋的弯弧内直径不应小于钢筋直径的 4 倍，如图 3-8（a）所示。弯钩的弯后平直部分长度应符合设计要求。

3）钢筋做不大于 90°的弯折时，弯折处的弯弧内直径不应小于钢筋直径的 5 倍，如图 3-8（b）所示。

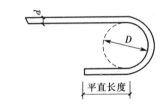

图 3-7 钢筋末端 180°弯钩

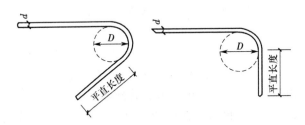

（a）钢筋末端 135°弯钩 （b）钢筋末端 90°弯折

图 3-8 钢筋末端的 90°或 135°弯钩

（2）除焊接封闭环式箍筋外，箍筋的末端应作弯钩，弯钩形式应符合设计要求；当设计无具体要求时，应符合下列规定。

1）箍筋弯钩的弯弧内直径除应满足上述的规定外，还应不小于受力钢筋直径。

2）箍筋弯钩的弯折角度。对一般结构，不应小于 90°；对有抗震等要求的结构，应为 135°。

3）箍筋弯后平直部分长度。对一般结构，不宜小于箍筋直径的 5 倍；对有抗震等要求的结构，不应小于箍筋直径的 10 倍。

弯钩的形式，可按图 3-9 所示加工，对有抗震要求和受扭的结构，应按图 3-9（c）所示加工。

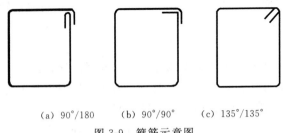

（a）90°/180 （b）90°/90° （c）135°/135°

图 3-9 箍筋示意图

三、钢筋弯曲画线

钢筋弯曲前，对形状复杂的钢筋（如弯起钢筋），根据钢筋料牌上标明的尺寸，用石笔将各弯曲点位置画出。常见的钢筋弯曲形状如图 3-10 所示。画线时应注意以下几点。

（1）根据不同的弯曲角度扣除弯曲调整值，其扣法是从相邻两段长度中各扣一半。

（2）钢筋端部带半圆弯钩时，该段长度画线时增加 $0.5d$（d 为钢筋直径）。

（3）画线工作宜从钢筋中线开始向两边进行；两边不对称的钢筋，也可从钢筋一端开始画线，如画到另一端有出入时，则应重新调整。

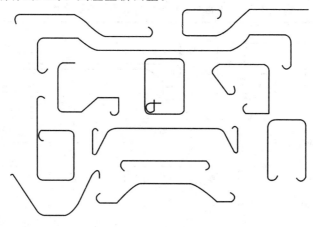

图 3-10 常见钢筋弯曲形状

四、钢筋弯曲成型的方法

钢筋弯曲成型方法有手工弯曲和机械弯曲两种。钢筋弯曲均应在常温下进行，严禁将钢筋加热后弯曲。

钢筋弯曲成型机具的介绍

工程实践中，对 10 mm 以下的钢筋多由人工在操作进行弯钩、弯曲钢箍等操作。

手动弯曲工具的尺寸详见表 3-2 与表 3-3。

对 12 mm 及以上直径的钢筋均用机械成型，该机械一般由传动部分、机架和工作台三部分组成。常用的弯曲机有 GJ7-40、WJ40-1 等型号，其弯曲直径为 12～40 mm，功率2.8 kW。不同的生产厂生产弯曲机的外形尺寸和机重亦不尽相同。弯曲机使用要点如下。

（1）弯曲操作前应充分了解工作盘的速度和允许弯曲钢筋直径的范围，先试弯一根钢筋摸索一下规律，然后根据曲度大小来控制开关。

（2）正式大量弯曲成型前，应检查机械的各部件、油杯以及蜗轮箱内的润滑油是否充足。先进行空载试运转，待试运转正常后，再正式操作。

（3）不允许在运转过程中更换芯轴，成型轴也不要在运转过程中加油或清扫。

（4）弯曲机要有地线接地，电源接在闸刀开关上。

（5）每次工作完毕，要及时清除工作盘及插座内的铁屑及杂物等。

表 3-2 手摇扳手主要尺寸 （单位：mm）

项次	钢筋直径	a	b	c	d
1	φ6	500	18	16	16
2	φ8～10	600	22	18	20

表 3-3　卡盘与扳头（横口扳手）主要尺寸　　　　　（单位：mm）

项次	钢筋直径	卡盘			扳头			
		a	b	c	d	e	h	l
1	φ12～16	50	80	20	22	18	40	1 200
2	φ18～22	65	90	25	28	24	50	1 350
3	φ25～32	80	100	30	38	34	76	2 100

手工弯曲成型设备简单、成型正确；机械弯曲成型可减轻劳动强度、提高工效，但操作时要注意安全。

（1）手工弯曲直径 12 mm 以下细筋可用手摇扳子，弯曲粗钢筋可用铁板扳柱和横口扳手。

（2）弯曲粗钢筋及形状比较复杂的钢筋（如弯起钢筋、牛腿钢筋）时，必须在钢筋弯曲前，根据钢筋料牌上标明的尺寸，用石笔将各弯曲点位置画出。

画线时应根据不同的弯曲角度扣除弯曲调整值，其扣法是从相邻两段长度中各扣一半。钢筋端部带半圆弯钩时，该段长度画线时增加 0.5d（d 为钢筋直径），画线工作宜在工作台上从钢筋中线开始向两边进行，不宜用短尺接量，以免产生误差积累。

（3）弯曲细钢筋（如架立钢筋、分布钢筋、箍筋）时，可以不画线，而是在工作台上按各段尺寸要求，钉上若干标志，按标志进行操作。

架立钢筋、箍筋及分布钢筋的介绍

（1）架立钢筋能够固定箍筋，并与主筋等一起连成钢筋骨架，保证受力钢筋的设计位置，使其在浇筑混凝土过程中不发生移动。

架立钢筋的作用是使受力钢筋和箍筋保持正确位置，以形成骨架。但当梁的高度小于 150 mm 时，可不设箍筋，在这种情况下，梁内也不设架立钢筋。架立钢筋的直径一般为 8～12 mm。架立钢筋位置如图 3-11 所示。

（2）箍筋除了可以满足斜截面抗剪强度外，还有使连接的受拉主钢筋和受压区的混凝土共同工作的作用。此外，亦可用于固定主钢筋的位置而使梁内各种钢筋构成钢筋骨架。

箍筋的主要作用是固定受力钢筋在构件中的位置，并使钢筋形成坚固的骨架，同时箍筋还可以承担部分拉力和剪力等。

箍筋的形式主要有开口式和闭口式两种。闭口式箍筋有三角形、圆形和矩形等多种形式。

单个矩形闭口式箍筋也称双肢箍；两个双肢箍拼在一起称为四肢箍。在截面较小的梁中可使用单肢箍；在圆形或有些矩形的长条构件中也有使用螺旋形箍筋的。

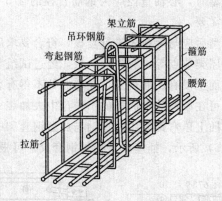

图 3-11　架立筋、腰筋等在钢筋骨架中的位置

箍筋的构造形式如图 3-12 所示。

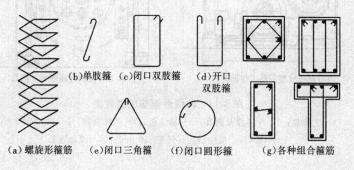

图 3-12　箍筋的构造形式

（3）分布钢筋是指在垂直于板内主钢筋方向上布置的构造钢筋。其作用是将板面上的荷载更均匀地传递给受力钢筋，同时在施工中可通过绑扎或点焊以固定主钢筋位置，同时亦可抵抗温度应力和混凝土收缩应力。

分布钢筋在构件中的位置如图 3-13 所示。

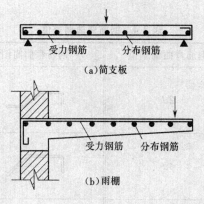

图 3-13　分布钢筋在构件中的位置

（4）钢筋在弯曲机上成型时，心轴直径应为钢筋直径的 2.5 倍，成型轴宜加偏心轴套，以适应不同直径的钢筋弯曲需要。

（5）第一根钢筋弯曲成型后应与配料表进行复核，符合要求后再成批加工；对于复杂的弯曲钢筋，如预制柱牛腿、屋架节点等，宜先弯一根，经过试组装后，方可成批弯制。成型后的钢筋要求形状正确，平面上没有凹曲现象，在弯曲处不得有裂纹。

（6）曲线形钢筋成型，可在原钢筋弯曲机的工作盘中央加装一个推进钢筋用的十字架和钢套，另在工作盘四个孔内插上顶弯钢筋用的短轴与成型钢套和中央钢套相切，在插座板上加工挡轴圆套，如图 3-14（a）所示，插座板上挡轴钢套尺寸可根据钢筋曲线形状选用。

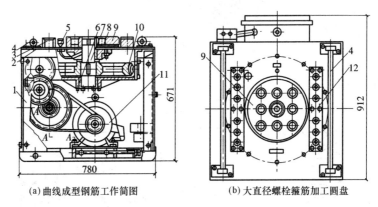

(a) 曲线成型钢筋工作简图   (b) 大直径螺栓箍筋加工圆盘

图 3-14　曲线形钢筋成型装置

1—工作盘；2—十字撑及圆套；3—插座板；4—挡轴圆套；5—桩柱及圆套；

6—钢筋；7—板柱插孔（间距 250 mm）；8—螺栓钢筋

（7）螺旋形钢筋成型，小直径可用手摇滚筒成型，较粗（$\phi 16 \sim \phi 30$ mm）钢筋可在钢筋弯曲机的工作盘上安设一个型钢制成的加工圆盘，如图 3-14（b）所示，圆盘外径相当于需加工螺栓筋（或圆箍筋）的内径，插孔相当于弯曲机板柱间距，使用时将钢筋一端固定，即可按一般钢筋弯曲加工方法弯成所需螺旋形钢筋。

五、常用钢筋类型弯曲调整值

在实际操作中可按有关计算方法求弯曲调整值，亦可根据各地实际情况确定。表 3-4 是一组经验弯曲调整值，仅供参考。

表 3-4　钢筋弯曲调整值

钢筋弯曲简图	钢筋弯曲调整值	钢筋弯曲简图	钢筋弯曲调整值
	$2d$		$2.5d$（$3d$）
	$4d$		$2.5d$（$3d$）
	$0.5d$（$1d$）		$2.5d$

钢筋弯曲简图	钢筋弯曲调整值	钢筋弯曲简图	钢筋弯曲调整值
	4.5d（5d）		下料 1.571 （$D+d$）+ 2（$l+a$）−4d
	0.5d（6d）		0
	0.5d（1d）		0
	3d（4d）		8d
	1d（6d）		下料 3.141 6 （D_1+d）或 3.141 6（D_2-d）
	5d（6d）		
	4d		0
	下料 1.571 （$D+d$）+2l	（内皮）	

第三节　钢筋加工质量标准及质量问题

一、原材料质量标准

原材料质量标准见表 3-5。

表 3-5　原材料质量标准

项目	项目内容	质量标准	质量检验
主控项目	力学性能检验	钢筋进场时，应按国家现行标准的规定抽取试件做力学性能和重量偏差检验，检验结果必须符合有关标准的规定	检查数量：按进场的批次和产品的抽样检验方案确定。 检验方法：检查产品合格证、出厂检验报告和进场复验报告

项目	项目内容	质量标准	质量检验
主控项目	抗震用钢筋强度实测值	对有抗震设防要求的结构，其纵向受力钢筋的性能应满足设计要求；当设计无具体要求时，对一、二、三级抗震等级，设计的框架和斜撑构件（含梯段）中的纵向受力钢筋应采用 HRB335E、HRB400E、HRB500E、HRBF335F、HRBF400E 或 HRBF500E 钢筋，其强度和最大力 F 总伸长率的实测值应符合下列规定： （1）钢筋的抗拉强度实测值与屈服强度实测值的比值不应小于 1.25。 （2）钢筋的抗拉强度实测值与屈服强度标准值的比值不应大于 1.30。 （3）钢筋的最大力 F 总伸长率不应小于 9%	检查数量：按进场的批次和产品的抽样检验方案确定。 检验方法：检查进场复验报告
	化学成分等专项检验	当发现钢筋脆断、焊接性能不良或力学性能显著不正常等现象时，应对该批钢筋进行化学成分检验或其他专项检验	检验方法：检查化学成分等专项检验报告
一般项目	钢筋外观质量	钢筋应平直、无损伤、表面不得有裂纹、油污、颗粒状或片状老锈	检查数量：进场时和使用前全数检查。 检验方法：观察

二、钢筋加工质量标准

钢筋加工质量标准见表 3-6。

表 3-6　钢筋加工质量标准

项目	项目内容	质量标准	质量检验
主控项目	受力钢筋的弯钩和弯折	受力钢筋的弯钩和弯折应符合下列规定。 （1）HPB235 级钢筋末端应作 180°弯钩，其弯弧内直径不应小于钢筋直径的 2.5 倍，弯钩的弯后平直部分长度不应小于钢筋直径的 3 倍。 （2）当设计要求钢筋末端需作 135°弯钩时，HRB335 级、HRB400 级钢筋的弯弧内直径不应小于钢筋直径的 4 倍，弯钩的弯后平直部分长度应符合设计要求。 （3）钢筋作不大于 90°的弯折时，弯折处的弯弧内直径不应小于钢筋直径的 5 倍	检查数量：按每工作班同一类型钢筋、同一加工设备抽查不应少于 3 件。 检验方法：钢尺检查

续上表

项目	项目内容	质量标准	质量检验
主控项目	箍筋弯钩形式	除焊接封闭环式箍筋外，箍筋的末端应作弯钩，弯钩形式应符合设计要求；当设计无具体要求时，应符合下列规定。 （1）箍筋弯钩的弯弧内直径除应满足相关规定外，还应不小于受力钢筋直径。 （2）箍筋弯钩的弯折角度，对一般结构不应小于 90°；对有抗震等要求的结构应为 135°。 （3）箍筋弯后平直部分长度，对一般结构，不宜小于箍筋直径的 5 倍；对有抗震等要求的结构，不应小于箍筋直径的 10 倍	检查数量：每工作班同一类型钢筋、同一加工设备抽查不应少于 3 件。 检验方法：钢尺检查
一般项目	钢筋调直	钢筋宜采用无延伸功能的机械设备进行调直，也可采用冷拉方法调直。当采用冷拉方法调直钢筋时，HPB335、HRB400、HRB500、HRBF335、HRBF400、HRBF500 及 RRB400 带肋钢筋的冷拉率不宜大于 1%	检查数量：每工作班同一类型钢筋、同一加工设备抽查不应少于 3 件。 检查方法：观察，钢尺检查
	钢筋加工形状尺寸	钢筋加工的形状、尺寸应符合设计要求，其偏差应符合表 3-7 的规定	检查数量：每工作班同一类型钢筋、同一加工设备抽查不应少于 3 件。 检验方法：钢尺检查

表 3-7　钢筋加工尺寸的允许偏差　　　　　（单位：mm）

项　目	允许偏差
受力钢筋顺长度方向全长的净尺寸	±10
弯起钢筋的弯折位置	±20
箍筋内净尺寸	±5

三、应注意的质量问题

（1）钢筋生锈。

钢筋表面出现黄浮锈，最为严重的是发生鱼鳞片剥落现象，引起这一质量问题的关键跟保管环境有很大关系：保管不良，受到雨、雪侵蚀；存放期过长；仓库环境潮湿，通风不良。

所以钢筋应存放在仓库或料棚内，保持地面干燥；钢筋直接堆置在地面上，必须用混凝土墩、砖或垫木垫起，使离地面200 mm以上；库存期限不得过长，原则上先进库的先使用。工地临时保管多筋原料时，应选择地势较高、地面干燥的露天场地，根据天气情况加盖雨布，场地四周要有排水措施，堆放期尽量缩短。

（2）钢筋切断问题。

多筋剪断时不够准或剪出的端头不平，是常发生的质量问题。防止这一质量问题其实很简单，只需拧紧定尺卡板的紧固螺栓，并调整固定刀片与冲切刀片间的水平间隙，对冲切刀片做往复水平动作的剪断机，其间隙以 0.5～1 mm 为宜。再根据钢筋所在部位和剪断误差情况，确定是否可用或返工。

（3）钢筋加工精确度的问题。

钢筋长度和弯曲角度有时不符合图样要求。造成这类质量问题的原因是多方面的，其中下料不准确；画线方法不对或误差大；用手工弯曲时，扳距选择不当；角度控制没有采取保证措施等是关键所在。解决这一问题的方法如下所述。

加强钢筋配料管理工作，根据本单位设备情况和传统操作经验，预先确定各种形状钢筋下料长度调整值，配料时考虑周到；为了画线简单和操作可靠，要根据实际成型条件（弯曲类型和相应的下料调整值、弯曲处曲率半径、扳距等），制订一套画线方法以及操作时搭扳子的位置规定备用。一般情况可采用以下画线方法：画弯曲钢筋分段尺寸时，将不同角度的下料长度调整值在弯曲操作方向相反一侧长度内扣除，画上分段尺寸线；形状对称的钢筋，画线要从钢筋的中心点开始，向两边分画。

为了保证弯曲角度符合图样要求，在设备和工具不能自行达到准确角度的情况下，可在成型案上画出角度准线或采取钉扒钉做标志的措施。

对于形状比较复杂的钢筋，如进行大批成型，最好先放出实样，并根据具体条件预先选择合适的操作参数（画线、扳距等），以作为示范。

当成型钢筋各部分误差超过质量标准允许值时，应根据钢筋受力特征分别处理。如其所处位置对结构性能没有不良影响，应尽量用在工程上；如弯起钢筋弯起点位置略有偏差或弯曲角度稍有不准，应经过技术鉴定确定是否可用。但对结构性能有重大影响的，或钢筋无法安装的（如钢筋长度或高度超出模板尺寸），则必须返工；返工时如需重新将弯折处直开，则仅限于 HPB235 级钢筋返工一次，并应在弯折处仔细检查表面状况（如是否变形过大或出现裂纹等）。

（4）钢筋混料。

原材料存放时、仓库应设专人验收入库钢筋；库内划分不同钢筋堆放区域，每堆钢筋应立标志或挂牌，表示其品种、等级、直径、技术证明编号及整批数量等；验收时要核对钢筋螺纹外形和涂色标志，如钢厂未按规定做，要对照技术证明单内容重新鉴定；钢筋直径不易分清的，要用卡尺检查。

发现混料情况后，应立即检查并进行清理，重新分类堆放；如果翻垛工作量大，不易清理，应将该堆钢筋做出记号，以备发料时提醒注意；已发出去的混料钢筋应立即追查，并采取防止事故的措施。

钢筋试验和质量检验的介绍

一、钢筋试验

(1) 钢筋的必试项目。

1) 物理必试项目。

①拉力试验（屈服强度、抗拉强度、伸长率）。

②冷弯试验（冷拔低碳钢丝为反复弯曲试验）。

2) 化学分析。主要分析碳（C）、硫（S）、磷（P）、锰（Mn）、硅（Si）的含量。

(2) 钢筋试验报告单的填制要求。

1) 钢筋试样报告单中的委托单位、工程名称及部位、委托试样编号、试件种类、钢材种类、试验项目、试件代表数量、送样日期、试验委托人等内容由试验委托人（工地试验员）填写。

2) 钢筋试验报告单中的试验编号、各项试验的测算数据、试验结论、报告日期等内容由试验室人员依据试验结果填写清楚、准确。试验、计算、审核、负责人员签字要齐全，然后加盖试验章，试验报告单才能生效。

3) 钢筋试验报告单是判定一批材质是否合格的依据，是施工技术资料的重要组成部分，属保证项目。报告单要求做到字迹清楚，项目齐全、准确、真实，无未了项。没有的项目写"无"或划斜杠，试验室的签字盖章齐全。如试验单某项填写错误，不允许涂抹，应在错误上划一斜杠，将正确的填写在其上方，并在此处加盖改错者印章和试验章。

4) 领取钢筋试验报告单时，应验看试验项目是否齐全，必试项目不能缺少，试验室有明确结论和试验编号，签字盖章齐全，要注意看试验单上各试验项目数据是否达到规范规定的标准值，是则验收存档，否则应及时取双倍试样做复试或报有关人员处理，并将复试合格单或处理结论附于试验报告单后一并存档。

(3) 钢筋试验报告单表样（表 3-8）。

表 3-8 钢筋原材料试验报告

试验报告_____

委托单位_____ 试验委托人_____

工程名称及部位_____

钢材种类_____ 级别规格_____ 牌号_____ 产地_____

试件代表数量_____ 来样日期_____ 试验日期_____

一、学力试验结果

试件编号	规格	截面积 (mm²)	屈服点 (N·mm⁻²)	极限强度 (N·mm⁻²)	伸长度 (%)	冷弯试验		
						弯心 (mm)	角度	评定

二、化学分析结果

试验编号	试件编号	化学成分分析					
		C（%）	S（%）	P（%）	Mn（%）	Si（%）	C_{eq}

结论_____

_____

负责人_____ 审核_____ 计算_____ 试验_____

报告日期_____年_____月_____日

二、钢筋的验收要求

钢筋应有出厂质量证明书或试验报告单，每捆（盘）钢筋应有标牌。

钢筋是否符合质量标准，直接影响建筑物的质量和使用安全。施工中必须加强钢筋的进场验收工作。

（1）钢筋出厂质量合格证和试验报告单应及时整理，试验单填写做到字迹清楚，项目齐全、准确、真实，且无未了事项。

（2）钢筋出厂质量合格证和试验报告单不允许涂改、伪造、随意抽撤或损毁。

（3）钢筋质量必须合格，应先试验后使用，有出厂质量合格证或试验单。需采取技术处理措施的，应满足技术要求并经有关技术负责人批准后方可使用。

（4）钢筋合格证、试（检）验单或记录单的抄件（复印件）应注明原件存放单位，并有抄件人、抄件（复印）单位的签字和盖章。

（5）钢筋应有出厂质量证明书或试验报告单，并按有关标准的规定抽取试样做力学性能试验。进场时应按炉罐（批）号及直径分批检验，查对标志进行外观检查。

（6）下列情况之一者，须做化学成分检验。

1）无出厂证明书或钢种钢号不明的。

2）有焊接要求的进口钢筋。

3）在加工过程中，发生脆断、焊接性能不良和力学性能显著不正常的。

（7）有特殊要求的，还应进行相应的专项试验。

（8）集中加工的，应有加工单位出具的出厂证明及钢筋出厂合格证和钢筋试验单的抄件。

（9）混凝土结构构件所采用的热轧钢筋、热处理钢筋、碳素钢丝、刻痕钢丝和钢绞线的质量，必须符合下列有关现行国家标准的规定。

1）《钢筋混凝土用钢第1部分　热轧光圆钢筋》（GB 1499.1—2008）

2）《冷轧带肋钢筋》（GB 13788—2008）

3）《低碳钢热轧圆盘条》（GB/T 701—2008）

4）《预应力混凝土用钢棒》（GB/T 5223.3—2005）

5）《预应力混凝土用钢丝》（GB/T 5223—2002）

6）《预应力混凝土用钢绞线》（GB/T 5224—2003）

三、钢筋的检验方法

（1）检查产品合格证、出厂检验报告，钢筋出厂应具有产品合格证书、出厂试验报告单作为质量证明材料，所列出的品种、规格、型号、化学成分、力学性能等，必须满足设计要求，符合有关的现行国家标准的规定。当用户有特别要求时，还应列出某些专门的检验数据。

（2）检查进场复试报告。进场复试报告是钢筋进场抽样检验的结果，以此作为判断材料能否在工程中应用的依据。

钢筋进场时，应按现行国家标准《钢筋混凝土用钢第 1 部分　热轧光圆钢筋》（GB 1499.1—2008）的有关规定抽取试件作力学性能检验，其质量符合有关标准规定的钢筋，可在工程中应用。

检查数量按进场的批次和产品的抽样检验方案确定。有关标准中对进场检验数量有具体规定的，应按标准执行，如果有关标准只对产品出厂检验数量有规定的，检查数量可按下列情况确定。

1）当一次进场的数量大于该产品的出厂检验批量时，应划分为若干个出厂检验批量，然后按出厂检验的抽样方案执行。

2）当一次进场的数量小于或等于该产品的出厂检验批量时，应作为一个检验批量，然后按出厂检验的抽样方案执行。

3）对连续进场的同批钢筋，当有可靠依据时，可按一次进场的钢筋处理。

（3）进场的每捆（盘）钢筋均应有标牌，按炉罐号、批次及直径分批验收，分类堆放整齐，严防混料，并应对其检验状态进行标识，防止混用。

（4）进场钢筋的外观质量检查。

1）钢筋应逐批检查其尺寸，不得超过允许偏差值。

2）逐批检查，钢筋表面不得有裂纹、折叠、结疤及夹杂，盘条允许有压痕及局部的凸块、凹块、划痕、麻面，但其深度或高度（从实际尺寸算起）不得大于 0.20 mm，带肋钢筋表面凸块不得超过横肋高度，钢筋表面上其他缺陷的深度和高度不得大于所在部位尺寸的允许偏差，冷拉钢筋不得有局部缩颈。

3）钢筋表面氧化铁皮（铁锈）重量不大于 16 kg/t。

4）带肋钢筋表面标志清晰明了，标志包括强度级别、厂名（用汉语拼音字头表示）和直径（mm）数字。

第四节　钢筋加工机械安全操作技术

一、钢筋调直切断机安全操作技术

（1）电源及工具安全守则。

1）保持工作场地及工作台清洁，否则会引起事故。

2）不要使电源、设备或工具受雨淋，不要在潮湿的场合工作，要确保工作场地有良好的照明。

3）勿使小孩接近，应禁止闲人进入工作场地。

4）工具使用完毕，应放在干燥的高处以免被小孩拿到。

5）不要使设备超负荷运转，必须在适当的转速下使用设备，确保安全操作。

6）要选择合适的工具，勿将小工具用于需用大工具加工的工件上。

7）穿专用工作服，勿使任何物件掉进设备运转部位；在室外作业时，应穿戴橡胶手套及胶鞋。

8）始终配戴安全眼镜，切削屑尘多时应戴口罩。

9）不要滥用导线，勿拖着导线移动设备。勿用力拉导线来切断电源；应使导线远离高温、油及尖锐的东西。

10）操作时，勿用手拿着工件，工件应用夹具或台钳固定住。

11）操作时脚要站稳，并保持身体姿势平衡。

12）设备和工具应妥善保养，只有经常保持锋利、清洁才能发挥其性能；应按规定加注润滑剂及更换附件。

13）更换附件、砂轮片、砂纸片时必须切断电源。

14）设备开动前必须把调整用键和扳手等拆除下来。为了安全，必须养成此习惯，并严格遵守。

15）谨防误开动。插头一旦插进电源插座，手指就不可随便接触电源开关。插头插进电源插座之前，应检查开关是否已关上。

16）不要在可燃液体、可燃气体存放处使用此设备，以防开关电源或操作时所产生的火花引起火灾。

17）室外操作时，必须使用专用的延伸电缆。

（2）其他重要的安全守则。

1）确认电源：电源电压应与铭牌上所标明的一致，在设备接通电源之前，开关应放在"关"（OFF）的位置上。

2）在设备不使用时，应把电源插头从插座上拔下。

3）应保持电动机的通风孔畅通及清洁。

4）要经常检查设备的保护盖内部是否有裂痕或污垢，以免因此而使设备的绝缘性能降低。

5）不要莽撞地操作设备，撞击会导致其外壳变形、断裂和破损。

6）不要在手上沾水时使用设备。勿在潮湿的地方或雨中使用调直切断机，以防漏电。如必须在潮湿环境中使用时，应戴上长橡胶手套和穿上防电胶鞋。

7）要经常使用砂轮保护器。

8）应使用人造树脂黏结的砂轮，打磨时应使用砂轮的适当部位，并确保砂轮没有缺口或断裂。

9）要远离易燃物或危险品，避免打磨时的火花引起火灾，同时注意勿让人体接触火花。

10）必须使用铭牌所示圆周速度为 300 r/min 以上规格的砂轮。

（3）安全操作要点。

1）料架、料槽应安装平直，对准导向筒、调直筒和下切刀孔的中心线。

2）用手转动飞轮，检查传动机构和工作装置，调整间隙，紧固螺栓，确定正常后启动空运转；检查轴承应无异响，齿轮啮合良好，待运转正常后方可作业。

3）按所调直钢筋的直径，选用适当的调直块及传动速度，经调试合格方可送料。

4）在调直块未固定、防护罩未盖好前不得送料。作业中，严禁打开各部防护罩及调整间隙。

5）当钢筋送入设备后，手与曳引轮必须保持一定距离，不得接近。

6）送料前应将不直的料切去，导向筒前应装一根 1 m 长的钢管，钢筋必须先穿过钢管，再送入调直机前端的导孔内。

7）作业后，应松开调直筒的调直块并回到原来的位置，同时预压弹簧必须回位。

二、钢筋切断机安全操作技术

（1）接送料工作台面应与切刀下部保持水平，工作台的长度可根据加工材料的长度决定。

（2）切断机启动前必须检查切刀，刀体上应该没有裂纹；还要检查刀架螺栓是否已紧固，防护罩是否牢靠。然后用手盘转动带轮，检查齿轮啮合间隙，调整切刀间隙。

（3）切断机启动后要先空运转，检查各传动部分及轴承，确认运转正常后方可作业。

（4）机械未达到正常转速时不得切料。切料时必须使用切刀的中下部位，紧握钢筋对准刃口迅速送入。

（5）不得剪切直径及强度超过机械铭牌规定的钢筋，也不得剪切烧红的钢筋。一次切断多根钢筋时，钢筋的总截面积应在规定范围内。

（6）在切断强度较高的低合金钢钢筋时，应换用高硬度切刀。一次切断的钢筋根数随直径大小而不同，应符合机械铭牌的规定。

（7）切断短料时，手与切刀之间的距离应保持 150 mm 以上，如手握端小于 400 mm 时，应使用套管或夹具将钢筋短头压住或夹牢。

（8）切断机运转中，严禁用手直接清除切刀附近的断头或杂物。在钢筋摆动周围和切刀附近，非操作人员不得停留。

（9）发现机械运转不正常、有异响或切刀歪斜情况，应立即停机检修。

（10）作业后要用钢丝刷清除切刀间的杂物，进行整机清洁保养。

三、钢筋弯曲机安全操作技术

（1）工作台与弯曲机台面要保持水平，并要准备好各种芯轴及工具。

（2）按所加工钢筋的直径和要求的弯曲半径装好芯轴、成形轴、挡铁轴或可变挡架。

（3）检查芯轴、挡铁轴、转盘应该没有损坏和裂纹，防护罩应紧固可靠，经空运转确认后，才可以进行作业。

（4）作业时，将钢筋需弯的一头插在转盘固定销的间隙内，另一端紧靠机身固定销，并用手压紧，检查机身固定销子确实安在挡住钢筋的一侧，方可开动。

（5）作业中严禁更换芯轴、销子和变换角度以及调速等，亦不得加油或清扫。

（6）弯曲钢筋时，严禁超过本机规定的钢筋直径、根数及机械转速。

（7）弯曲较高强度的低合金钢钢筋时，应按机械铭牌上的规定换算最大限制直径并调换相应的芯轴。

（8）严禁在弯曲钢筋的作业半径内和机身不设固定销的一侧站人。弯曲好的半成品应堆放整齐，弯钩不得朝上。

（9）转盘若要换向，必须在停稳后进行。

四、钢筋冷拉设备安全操作技术

（1）卷扬机的型号和性能要经过合理选用，以适应被冷拉钢筋的直径大小。卷扬钢丝绳应经封闭式导向滑轮并与被拉钢筋方向垂直。卷扬机的位置必须使操作人员能见到全部冷拉场地。

（2）应在冷拉场地的两端地锚外侧设置警戒区，警戒区装有防护栏杆并设有警告标志。严禁与施工无关的人员在警戒区内停留。作业时，操作人员所在的位置必须远离被拉钢筋 2 m 以外。

（3）用配重控制的设备必须与滑轮匹配，并有指示起落的记号，若没有记号就应有专人指挥。配重筐提起时的高度应限制在离地面 300 mm 以内；配重架四周应有栏杆及警告标志。

（4）作业前，应检查冷拉夹具，夹齿必须完好，滑轮、拖拉小车应润滑灵活，拉钩、地锚及防护装置均应齐全牢固，确认良好后方可进行作业。

（5）卷扬机操作人员必须在看到指挥人员发出的信号，并待所有人员都离开危险区后方可作业。冷拉操作应缓慢均匀地进行，随时注意停车信号；如果见到有人进入危险区，应立即停拉，并稍稍放松卷扬钢丝绳。

（6）用以控制冷拉力的装置必须装设明显的限位标志，并要有人负责指挥。

（7）夜间工作的照明设施应设在冷拉危险区外。如果必须装设在场地上空时，它的高度应离地面 5m 以上；灯泡应加防护罩，不得用裸线作导线。

（8）冷拉作业结束后，应放松卷扬钢丝绳，落下配重，切断电源，锁好开关箱。

第四章　钢筋连接施工技术

第一节　绑扎连接

一、绑扎准备

（1）核对钢筋配料单和料牌，并检查已加工好的钢筋型号、直径、形状、尺寸、数量是否符合施工图要求，如发现有错配或漏配钢筋现象，要及时向施工员提出纠正或增补。

（2）检查钢筋的锈蚀情况，确定是否除锈和采用哪种除锈方法等。

（3）钢筋绑扎用的钢丝，可采用 20～22 号钢丝，其中 22 号钢丝只用于绑扎直径 12 mm 以下的钢筋。钢丝长度可参考采用表 4-1 的数值；因钢丝是成盘供应的，故习惯上是按每盘钢丝周长的几分之一来切断。

表 4-1　钢筋绑扎钢丝长度参考表　　　　　（单位：mm）

钢筋直径	3～5	6～8	10～12	14～16	18～20	22	25	28	32
3～5	120	130	150	170	190	—	—	—	—
6～8	—	150	170	190	220	250	270	290	320
10～12	—	—	190	220	250	270	290	310	340
14～16	—	—	—	250	270	290	310	330	360
18～20	—	—	—	—	290	310	330	350	380
22	—	—	—	—	—	330	350	370	400

（4）准备控制混凝土保护层用的水泥砂浆垫块或塑料卡。

水泥砂浆垫块的厚度应等于保护层厚度。垫块的平面尺寸，当保护层厚度等于或小于 20 mm 时为 30 mm×30 mm，大于 20 mm 时为 50 mm×50 mm。当在垂直方向使用垫块时，可在垫块中埋入 20 号钢丝。

塑料卡的形状有两种：塑料垫块和塑料环圈，如图 4-1 所示。塑料垫块用于水平构件（如梁、板），在两个方向均有凹槽，以便适应两种保护层厚度。塑料环圈用于垂直构件（如

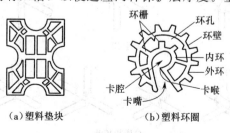

（a）塑料垫块　　　（b）塑料环圈

图 4-1　控制混凝土保护层用的塑料卡

柱、墙）。使用时钢筋从卡嘴进入卡腔，由于塑料环圈有弹性，可使卡腔的大小能适应钢筋直径的变化。

二、绑扎方法

（1）一面扣法。其操作方法是将钢丝对折成180°，理顺叠齐，放在左手掌内，绑扎时左手拇指将一根钢丝推出，食指配合将弯折一端伸入绑扎点钢筋底部；右手持绑扎钩子用钩尖钩起钢丝弯折处向上拉至钢筋上部，以左手所执的钢丝开口端紧靠，两者拧紧在一起，拧固2～3圈，如图4-2所示。将钢丝向上拉时，钢丝要紧靠钢筋底部，将底面筋绷紧在一起，绑扎才能牢靠。一面扣法，多用于平面上扣很多的地方，如楼板等不易滑动的部位。

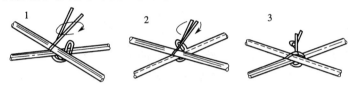

图 4-2 钢筋绑扎一面扣法

（2）其他钢筋绑扎方法有十字花扣、反十字花扣、兜扣加缠、套扣等，这些方法主要根据绑扎部位进行选择，其形式如图4-3所示。

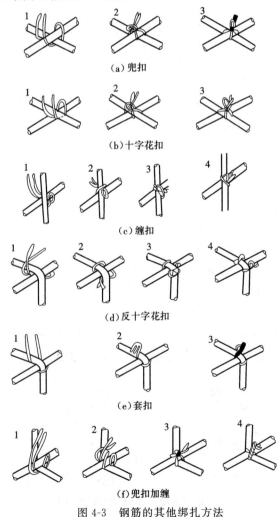

（a）兜扣

（b）十字花扣

（c）缠扣

（d）反十字花扣

（e）套扣

（f）兜扣加缠

图 4-3 钢筋的其他绑扎方法

1）十字花扣、兜扣，适用于平板钢筋网和箍筋处的绑扎。

2）缠扣，多用于墙钢筋网和柱箍的绑扎。

3）反十字花扣、兜扣加缠，适用于梁骨架的箍筋和主筋的绑扎。

4）套扣用于梁的架立钢筋和箍筋的绑扎。

三、绑扎要求

（1）同一构件内的接头宜分批错开。各接头的横向净间 5 不应小于钢筋直径，且不应小于 25 mm。

（2）接头连接区段的长度为 1.3 倍搭接长度，凡接头中点位于该连接区段长度内的接头均应属于同一连接区段；搭接长度可取相互连接两根钢筋中较小直径计算。纵向受力钢筋的最小搭接长度应符合下列规定。

1）当纵向受拉钢筋的绑扎搭接接头面积百分率不大于 25％时，其最小搭接长度应符合表 4-2 的规定。

表 4-2　纵向受拉钢筋的最小搭接长度

钢筋类型		混凝土强度等级								
		C20	C25	C30	C35	C40	C45	C50	C55	≥C60
光面钢筋	300 级	48d	41d	37d	34d	31d	29d	28d	—	—
带肋钢筋	335 级	—	48d	43d	39d	36d	34d	33d	31d	30d
	400 级	—	48d	43d	39d	36d	34d	33d	31d	30d
	500 级	—	58d	52d	47d	43d	41d	39d	38d	36d

注：d 为搭接钢筋直径。两根直径不同钢筋的搭接长度，以较细钢筋的直径计算。

2）当纵向受拉钢筋搭接接头面积百分率为 5 0％时，其最小搭接长度应按表 4-2 中的数值乘以系数 1.15 取用；当接头面积百分率为 100％时，应按表 4-2 中的数值乘以系数 1.35 取用；当接头面积百分率为 25％～100％的其他中间值时，修正系数可按内插取值。

3）纵向受拉钢筋的最小搭接长度确定后，可按下列规定进行修正。但在任何情况下，受拉钢筋的搭接长度不应小于 300 mm：

①当带肋钢筋的直径大于 25 mm 时，其最小搭接长度应按相应数值乘以系数 1.1 取用；

②环氧树脂涂层的带肋钢筋，其最小搭接长度应按相应数值乘以系数 1.25 取用；

③当施工过程中受力钢筋易受扰动时，其最小搭接长度应按相应数值乘以系数 1.1 取用；

④末端采用弯钩或机械锚固措施的带肋钢筋，其最小搭接长度可按相应数值乘以系数 0.6 取用；

⑤当带肋钢筋的混凝土保护层厚度为搭接钢筋直径的 3 倍，且配有箍筋时，其最小搭接长度可按相应数值乘以系数 0.8 取用；当带肋钢筋的混凝土保护层厚度为搭接钢筋直径的 5 倍，且配有箍筋时，其最小搭接长度可按相应数值乘以系数 0.7 取用；当带肋钢筋的混凝土保护层厚度大于搭接钢筋直径 3 倍且小于 5 倍，且配有箍筋时，修正系数可按内插取值；

⑥有抗震要求的受力钢筋的最小搭接长度，一、二级抗震等级应按相应数值乘以系数

1.15 采用；三级抗震等级应按相应数值乘以系数 1.05 采用。

    注：本条中第④和⑤款情况同时存在时，可仅选其中之一执行。

    4）纵向受压钢筋绑扎搭接时，其最小搭接长度确定相应数值后，乘以系数 0.7 取用。在任何情况下，受压钢筋的搭接长度不应小于 200 mm。

    （3）同一连接区段内，纵向受力钢筋接头面积百分率为该区段内有接头的纵向受力钢筋截面面积与全部纵向受力钢筋截面面积的比值（图 4-4）；纵向受压钢筋的接头面积百分率可不受限制；纵向受拉钢筋的接头面积百分率应符合下列规定：

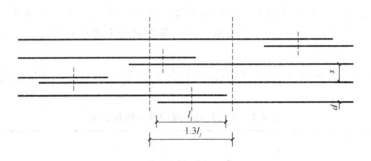

图 4-4   钢筋绑扎搭接接头连接区段及接头面积百分率

注：图中所示搭接接头同一连接区段内的搭接钢筋为两根，

当各钢筋直径相同时，接头面积百分率为 50%。

    1）梁类、板类及墙类构件，不宜超过 25%；基础筏板，不宜超过 50%。

    2）柱类构件，不宜超过 50%。

    3）当工程中确有必要增大接头面积百分率时，对梁类构件，不应大于 50%；对其他构件，可根据实际情况适当放宽。

四、绑扎工艺要求

（1）钢筋绑扎。

1）钢筋搭接处，应在中心和两端用钢丝扎牢，如图 4-5 所示。

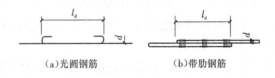

（a）光圆钢筋   （b）带肋钢筋

图 4-5   钢筋绑扎接头

2）钢筋的交叉点都应采用钢丝扎牢，如图 4-3（c）所示。

3）焊接骨架和焊接网采用绑扎连接时，应符合下列规定。

①焊接骨架和焊接网的搭接接头不宜位于构件的最大弯矩处。

②焊接网在非受力方向的搭接长度不宜小于 100 mm。

③受拉焊接骨架和焊接网在受力钢筋方向的搭接长度应符合设计规定；受压焊接骨架和焊接网在受力钢筋方向的搭接长度，可取受拉焊接骨架和焊接网在受力钢筋方向的搭接长度的 70%。

    4）在绑扎骨架中非焊接的搭接接头长度范围内，当搭接钢筋为受拉时，其箍筋的间距不应大于 5d，且不应大于100 mm。当搭接钢筋为受压时，其箍筋间距不应大于 10d，且不应大于 200 mm（d 为受力钢筋中的最小直径）。

　　5）控制混凝土保护层应采用水泥砂浆垫块或塑料卡。具体内容参见"一、绑扎准备"。

　　（2）钢筋网片预制绑扎。

　　钢筋网片的预制绑扎多用于小型构件。此时，钢筋网片的绑扎多在平地或工作台上进行，其绑扎形式如图 4-6 所示。为防止在运输、安装过程中发生歪斜、变形，大型钢筋网片的预制绑扎，应采用加固钢筋斜向拉结，其形式如图 4-7 所示。一般大型钢筋网片预制绑扎的操作程序为：平地上画线→摆放钢筋→绑扎→临时加固钢筋的绑扎。

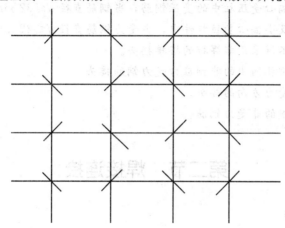

图 4-6　绑扎钢筋网片

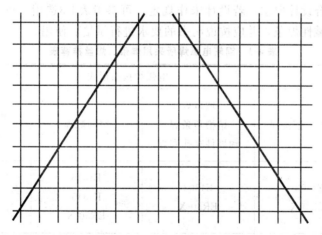

图 4-7　大片钢筋网的预制

　　钢筋网片若为单向主筋时，只需将外围两行钢筋的交叉点逐点绑扎，而中间部位的交叉点可隔一根钢筋呈梅花状绑扎；若为双向主筋时，应将全部的交叉点绑扎牢固。相邻绑扎点的钢螺纹要成八字形，以免网片歪斜变形。

　　（3）钢筋骨架预制绑扎。

　　绑扎钢筋骨架必须使用钢筋绑扎架，钢筋绑扎架构造是否合理，将直接影响绑扎效率及操作安全。

　　绑扎轻型骨架（如小型过梁等）时，一般选用单面或双面悬挑的钢筋绑扎架。这种绑扎架的钢筋和钢筋骨架，在绑扎操作时其穿、取、放、绑扎都比较方便。绑扎重型钢筋骨架时，可用两个三脚架和一光面圆钢组成一对，并由几对三脚架组成一组钢筋绑扎架。由于这种绑扎架是由几个单独的三脚架组成，使用比较灵活，可以调节高度和宽度，稳定性也比较好，故可保证操作安全。

钢筋绑扎连接使用范围的介绍

　　钢筋绑扎连接是利用混凝土的黏结锚固作用，实现两根锚固钢筋的应力传递。为保证钢筋的应力能充分传递，必须满足施工规范规定的最小搭接长度的要求。且应将接头位置设在受力较小处。钢筋的绑扎连接适用于以下范围。

　　(1) 轴心受压和偏心受压柱中的受压钢筋，当钢筋直径 $d \leqslant 32$ mm 时。

　　(2) 非轴心受拉及小偏心受拉杆件中，当受力钢筋直径 $d \leqslant 22$ mm 时；但双面配置受力钢筋的焊接骨架，不得采用非焊接的搭接接头。

　　(3) 绑扎骨架和绑扎网中的非预应力受力钢筋接头。

　　(4) 焊接骨架在受力方向的接头。

　　(5) 钢筋混凝土中的非受力钢筋。

第二节　焊接连接

一、钢筋电弧焊接

(1) 焊条选用。

　　焊条选用应符合设计要求，若设计未作规定，可参考表4-3选用。重要结构中钢筋的焊接，应采用低氢型碱性焊条，并应按说明书的要求进行烘焙后使用。

表 4-3　钢筋电弧焊所采用焊条、焊丝推荐表

钢筋牌号	电弧焊接头形式			
	帮条焊　搭接焊	坡口焊 熔槽帮条焊 预埋件穿孔塞焊	窄间隙焊	钢筋与钢板搭接焊 预埋件 T 形角焊
HPB300	E4303 ER50-X	E4303 ER50-X	E4316 E4315 ER50-X	E4303 ER50-X
HRB335 HRBF335	E5003 E4303 E5016 E5015 ER50-X	E5003 E5016 E5015 ER50-X	E5016 E5015 ER50-X	E5003 E4303 E5016 E5015 ER50-X
HRB400 HRBF400	E5003 E5516 E5515 ER50-X	E5503 E5516 E5515 ER55-X	E5516 E5515 ER55-X	E5003 E5516 E5515 ER50-X

续上表

钢筋牌号	电弧焊接头形式			
	帮条焊 搭接焊	坡口焊 熔槽帮条焊 预埋件穿孔塞焊	窄间隙焊	钢筋与钢板搭接焊 预埋件T形角焊
HRB500 HRBF500	E5503 E6003 E6016 E6015 ER55-X	E6003 E6016 E6015	E6016 E6015	E5503 E6003 E6016 E6015 ER55-X
RRB400W	E5003 E5516 E5515 ER50-X	E5503 E5516 E5515 ER55-X	E5516 E5515 ER55-X	E5003 E5516 E5515 ER50-X

（2）焊条直径和焊接电流选择。

施工时，工艺参数可参考表 4-4 选择焊条直径和焊接电流。

表 4-4 焊条直径和焊接电流选择

搭接焊、帮条焊				坡口焊			
焊接 位置	钢筋直径 （mm）	焊条直径 （mm）	焊接电流 （A）	焊接 位置	钢筋直径 （mm）	焊条直径 （mm）	焊接电流 （A）
平焊	10~12 14~22 25~32 36~40	3.2 4 5 5	90~130 130~180 180~230 190~240	平焊	16~20 22~25 28~40	3.2 4 5 5	140~170 170~90 190~220 200~230
立焊	10~12 14~22 25~32 36~40	3.2 4 4 5	80~110 110~150 120~170 170~220	立焊	16~20 22~25 28~32 39~40	3.2 4 4 5	120~150 150~180 180~200 190~210

（3）焊接接头形式。

1）帮条焊与搭接焊。

①帮条焊时，宜采用双面焊 [图 4-8（a）]；当不能进行双面焊时，可采用单面焊 [图 4-8（b）]，帮条长度应符合表 4-5 的规定。当帮条牌号与主筋相同时，帮条直径可与主筋相同或小一个规格；当帮条直径与主筋相同时，帮条牌号可与主筋相同或低一个牌号等级。

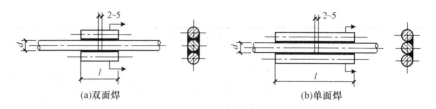

(a)双面焊   (b)单面焊

图 4-8　钢筋帮条焊接头

表 4-5　钢筋帮条长度

钢筋牌号	焊缝形式	帮条长度（l）
HPB300	单面焊	$\geqslant 8d$
	双面焊	$\geqslant 4d$
HRB335、HPBF335 HRB400、HRBF400 HRB600、HRBF500、RRB400W	单面焊	$\geqslant 10d$
	双面焊	$\geqslant 5d$

注：d 为主筋直径（mm）。

钢筋电弧焊接机具的介绍

（1）钢筋电弧焊原理是以焊条作为一极，钢筋作为另一极，利用焊接电流产生的电弧高温，集中热量熔化钢筋端和焊条末端，使焊条金属的熔液融入到熔化的焊缝内，金属冷却凝固后，便形成焊接接头。

（2）焊接设备。电弧焊的重要设备是弧焊机，弧焊机可分为交流弧焊机和直流弧焊机两类。其中焊接整流器是一种将交流电变为直流电的手弧焊电源。这类整流器多用硅元件作为整流元件，故也称硅整流焊机。

常用焊接变压器型号及性能见表 4-6。

表 4-6　常用焊接变压器型号及性能

型　　　号		BX3-120-1	BX3-300-2	BX3-500-2	BX2-100 (BC-1 000)
额定焊接电流	A	120	300	500	1 000
初级电压 次级空载电压 额定工作电压	V	220/380 70～75 25	380 70～78 32	380 70～75 40	220/380 69～78 42
额定初级电流 焊接电流调节范围	A	41/23.5 20～160	61.9 40～400	101.4 60～600	340/196 400/1 200
额定持续率 额定输入功率	% kW	60 9	60 23.4	60 38.6	60 76
各持续率 时的功率	100%　kW	7	18.5	30.5	
	额定持续率	9	23.4	38.6	76

续上表

型号			BX3-120-1	BX3-300-2	BX3-500-2	BX2-100 (BC-1000)
各持续率时的焊接电流	100%	A	93	232	388	775
	额定持续率		120	300	500	1 000
功率因数						0.62
效率		%	80	82.5	87	90
质量		kg	100	183	225	560
外形尺寸	长	mm	485	730	730	744
	宽		470	540	540	950
	高		680	900	900	1 220

注：带（　）的为原有型号。

②搭接焊时，宜采用双面焊［图4-9（a）］。当不能进行双面焊时，可采用单面焊［图4-9（b）］。搭接长度可与表4-6帮条长度相同。

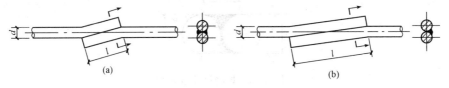

图4-9　钢筋搭接焊接头

d—钢筋直径；l—搭接长度

余热处理钢筋的介绍

余热处理钢筋是经热轧后立即穿水，进行表面控制冷却，然后利用芯部余热自身完成回火处理所得的成品钢筋。根据《钢筋混凝土用余热处理钢筋》（GB 13014—1991）的规定，其表面形状同热轧月牙肋钢筋，强度级别为 HRB400 级。余热处理钢筋的规格、化学成分与力学性能，见表4-7～表4-9。

表4-7　余热处理钢筋规格

公称直径（mm）	公称横截面面积（mm²）	公称质量（kg·m⁻¹）	公称直径（mm）	公称横截面面积（mm²）	公称质量（kg·m⁻¹）
8	50.27	0.395	22	380.1	2.98
10	78.54	0.617	25	490.9	3.85
12	113.1	0.888	28	615.8	4.83
14	153.9	1.21	32	804.2	6.31
16	201.1	1.58	36	1 018	7.99
18	254.5	2.00	40	1 257	9.87
20	314.2	2.47			

注：表中公称重量按密度为 7.85 g/cm³ 计算。

表 4-8 余热处理钢筋的化学成分

表面	钢筋	强度	牌号	化学成分（%）				
形状	级别	代号		C	Si	Mn	P	S
月牙肋	HRB400	KL400	20MnSi	0.17～0.25	0.40～0.80	1.20～1.60	不大于	
							0.045	0.045

表 4-9 余热处理钢筋的力学性能

表面	强度等	公称直径	屈服点	抗拉强度	伸长率	冷弯		符号
形状	级代号	d（mm）	σ_s（MPa）	σ_b（MPa）	δ_5（%）	弯曲角度	弯心直径	
月牙肋	HRB400	8～25 28～40	440	600	14	90° 90°	$3d$ $4d$	ϕ^R

③帮条焊接头或搭接焊接头的焊缝有效厚度 S 不应小于主筋直径的 30%；焊缝宽度 b 不应小于主筋直径的 80%（图 4-10）。

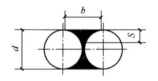

图 4-10 焊缝尺寸示意

d—钢筋直径；b—焊缝宽度；S—焊缝有效厚度

④帮条焊或搭接焊时，钢筋的装配和焊接应符合下列规定：

a. 帮条焊时，两主筋端面的间隙应为 2～5 mm；

b. 搭接焊时，焊接端钢筋宜预弯，并应使两钢筋的轴线在同一直线上；

c. 帮条焊时，帮条与主筋之间应用四点定位焊固定；搭接焊时，应用两点固定；定位焊缝与帮条端部或搭接端部的距离宜大于或等于 20 mm；

d. 焊接时，应在帮条焊或搭接焊形成焊缝中引弧；在端头收弧前应填满弧坑，并应使主焊缝与定位焊缝的始端和终端熔合。

2）熔槽帮条焊。

熔槽帮条焊应用于直径 20 mm 及以上钢筋的现场安装焊接。焊接时应加角钢作垫板模。接头形式（图 4-11）、角钢尺寸和焊接工艺应符合下列规定：

①角钢边长宜为 40～70 mm；

②钢筋端头应加工平整；

③从接缝处垫板引弧后应连续施焊，并应使钢筋端部熔合，防止未焊透、气孔或夹渣；

④焊接过程中应及时停焊清渣；焊平后，再进行焊缝余高的焊接，其高度应为 2～4 mm；

⑤钢筋与角钢垫板之间，应加焊侧面焊缝 1～3 层，焊缝应饱满，表面应平整。

3）坡口焊。

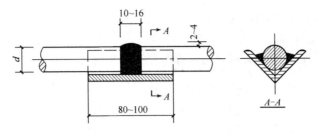

图 4-11　钢筋熔槽帮条焊接头

坡口焊的准备工作和焊接工艺应符合下列规定（图 4-12）：

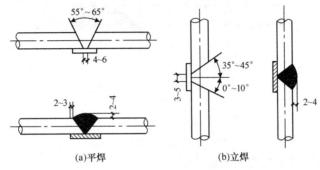

(a)平焊　　　　(b)立焊

图 4-12　钢筋坡口焊接头

①坡口面应平顺，切口边缘不得有裂纹、钝边和缺棱；

②坡口角度应在规定范围内选用；

③钢垫板厚度宜为 4～6 mm，长度宜为 40～60 mm；平焊时，垫板宽度应为钢筋直径加 10 mm；立焊时，垫板宽度宜等于钢筋直径；

④焊缝的宽度应大于 V 形坡口的边缘 2～3 mm，焊缝余高应为 2～4 mm，并平缓过渡至钢筋表面；

⑤钢筋与钢垫板之间，应加焊二层、三层侧面焊缝；

⑥当发现接头中有弧坑、气孔及咬边等缺陷时，应立即补焊。

4）窄间隙焊。

窄间隙焊应用于直径 16 mm 及以上钢筋的现场水平连接。焊接时，钢筋端部应置于铜模中，并应留出一定间隙，连续焊接，熔化钢筋端面，使熔敷金属填充间隙并形成接头（图 4-13）；其焊接工艺应符合下列规定：

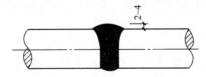

图 4-13　钢筋窄间隙焊接头

①钢筋端面应平整；

②宜选用低氢型焊接材料；

③从焊缝根部引弧后应连续进行焊接，左右来回运弧，在钢筋端面处电弧应少许停留，并使熔合；

④当焊至端面间隙的 4/5 高度后，焊缝逐渐扩宽；当熔池过大时，应改连续焊为断续焊，避免过热；

⑤焊缝余高应为 2~4 mm，且应平缓过渡至钢筋表面。

5）预埋件钢筋电弧焊。

预埋件钢筋电弧焊 T 形接头可分为角焊和穿孔塞焊两种（图 4-14），装配和焊接时，应符合下列规定：

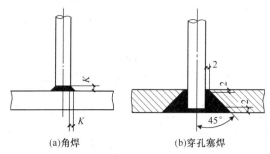

(a)角焊   (b)穿孔塞焊

图 4-14　预埋件钢筋电弧焊 T 形接头

K—焊脚尺寸

①当采用 HPB300 钢筋时，角焊缝焊脚尺寸（K）不得小于钢筋直径的 50%；采用其他牌号钢筋时，焊脚尺寸（K）不得小于钢筋直径的 60%；

②施焊中，不得使钢筋咬边和烧伤。

钢筋与钢板搭接焊接头

钢筋与钢板搭接焊时，焊接接头（图 4-15）应符合下列规定：

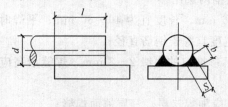

图 4-15　钢筋与钢板搭接焊接头

d—钢筋直径；l—搭接长度；

b—焊缝宽度；S—焊缝有效厚度

（1）HPB300 钢筋的搭接长度（l）不得小于 4 倍钢筋直径，其他牌号钢筋搭接长度（l）不得小于 5 倍钢筋直径。

（2）焊缝宽度不得小于钢筋直径的 60%，焊缝有效厚度不得小于钢筋直径的 35%。

（4）钢筋电弧焊接质量控制。

1）电弧焊接头的质量检验，应分批进行外观质量检查和力学性能检验，并应符合下列规定：

①在现浇混凝土结构中，应以 300 个同牌号钢筋、同形式接头作为一批；在房屋结构中，应在不超过连续二楼层中 300 个同牌号钢筋、同形式接头作为一批；每批随机切取 3 个接头，做拉伸试验；

②在装配式结构中，可按生产条件制作模拟试件，每批 3 个，做拉伸试验；

③钢筋与钢板搭接焊接头可只进行外观质量检查。

注：在同一批中若有 3 种不同直径的钢筋焊接接头，应在最大直径钢筋接头和最小直径

钢筋接头中分别切取 3 个试件进行拉伸试验。钢筋电渣压力焊接头、钢筋气压焊接头取样均同。

2) 电弧焊接头外观质量检查结果，应符合下列规定：

①焊缝表面应平整，不得有凹陷或焊瘤；

②焊接接头区域不得有肉眼可见的裂纹；

③焊缝余高应为 2～4 mm；

④咬边深度、气孔、夹渣等缺陷允许值及接头尺寸的允许偏差，应符合表 4-10 的规定。

表 4-10 钢筋电弧焊接头尺寸偏差及缺陷允许值

名称		单位	接头形式		
			帮条焊	搭接焊 钢筋与钢板搭接焊	坡口焊窄间隙焊 熔槽帮条焊
帮条沿接头中心线 的纵向偏移		mm	0.3d	—	—
接头处变折角度		°	2	2	2
接头处钢筋轴线的偏移		mm	0.1d	0.1d	0.1d
			1	1	1
焊缝宽度		mm	+0.1d	+0.1d	
焊缝长度		mm	−0.3d	−0.3d	
咬边深度		mm	0.5	0.5	0.5
在长 2d 焊缝表面 上的气孔及夹渣	数量	个	2	2	—
	面积	mm²	6	6	—
在全部焊缝表面上 的气孔及夹渣	数量	个	—	—	2
	面积	mm²			6

注：d 为钢筋直径（mm）。

3) 当模拟试件试验结果不符合要求时，应进行复验。复验应从现场焊接接头中切取，其数量和要求与初始试验相同。

钢筋电弧焊接方法分类及适用范围的介绍

钢筋电弧焊主要有帮条焊、搭接焊、坡口焊、窄间隙焊和熔槽帮条焊 5 种接头形式（表 4-11）。焊接时应符合下列要求。

(1) 为保证焊缝金属与钢筋熔合良好，必须根据钢筋的牌号、直径、接头形式和焊接位置，选用合适的焊条、焊接工艺和焊接参数。

(2) 钢筋端头间隙、钢筋轴线以及帮条尺寸、坡口角度等，均应符合规程有关规定。

(3) 接头焊接时，引弧应在垫板、帮条或形成焊缝的部位进行，防止烧伤主筋。

(4) 焊接地线与钢筋应接触良好，防止因接触不良而烧伤主筋。

(5) 焊接过程中应及时清渣，焊缝表面应光滑，焊缝余高应平缓过渡，弧坑应填满。

　　以上各点对于各牌号钢筋焊接均适用，特别是在 HRB335、HRB400、RRB400 级钢筋焊接时更为重要。在钢筋焊接区外随意引弧，同样也会产生上述缺陷，这些都是焊工容易忽视而又十分重要的问题。

表 4-11　钢筋电弧焊接头形式及适用范围

焊接方法		接头形式	适用范围	
			钢筋牌号	钢筋直径（mm）
搭接焊	双面焊		HPB300	10～22
			HRB335、HRBF335	10～40
			HRB400、HRBF400	10～40
			HRB500、HRBF500	10～32
			RRB400W	10～25
	单面焊		HRB300	10～22
			HRB335、HRBF335	10～40
			HRB400、HRBF400	10～40
			HRB500、HRBF500	10～32
			RRB400W	10～25
	熔槽帮条焊		HPB300	20～22
			HRB335、HRBF335	20～40
			HRB400、HRBF400	20～40
			HRB500、HRBF500	20～32
			RRB400W	20～25
坡口焊	平焊		HPB300	18～22
			HRB335、HRBF335	18～40
			HRB400、HRBF400	18～40
			HRB500、HRBF500	18～32
			RRB400W	18～25
	立焊		HPB300	18～22
			HRB335、HRBF335	18～40
			HRB400、HRBF400	18～40
			HRB500、HRBF500	18～32
			RRB400W	18～25
钢筋与钢板搭接焊			HPB300	8～22
			HRB335、HRBF335	8～40
			HRB400、HRBF400	8～40
			HRB500、HRBF500	8～32
			RRB400W	8～25

续上表

焊接方法	接头形式	适用范围	
		钢筋牌号	钢筋直径（mm）
窄间隙焊		HPB300	16～22
		HRB335、HRBF335	16～40
		HRB400、HRBF400	16～40
		HRB500、HRBF500	18～32
		RRB400W	18～25
预埋件钢筋　角焊		HPB300	6～22
		HRB335、HRBF335	6～25
		HRB400、HRBF400	6～25
		HRB500、HRBF500	10～20
		RRB400W	10～20
穿孔塞焊		HPB300	20～22
		HRB335、HRBF335	20～32
		HRB400、HRBF400	20～32
		HRB500	20～28
		RRB400W	20～28
埋弧压力焊		HPB300	6～22
埋弧螺柱焊		HRB335、HRBF335	6～28
		HRB400、HRBF400	6～28

二、钢筋闪光对焊

1. 施工技术

（1）钢筋闪光对焊可采用连续闪光焊、预热闪光焊或闪光—预热闪光焊工艺方法（图4-16）。生产中，可根据不同条件按下列规定选用：

1）当钢筋直径较小，钢筋牌号较低，在表4-12规定的范围内，可采用"连续闪光焊"；

2）当钢筋直径超过表4-12规定，钢筋端面较平整，宜采用"预热闪光焊"；

3）当钢筋直径超过表4-12规定，且钢筋端面不平整，应采用"闪光—预热闪光焊"。

（2）连续闪光焊所能焊接的钢筋直径上限，应根据焊机容量、钢筋牌号等具体情况而定，并应符合表4-12的规定。

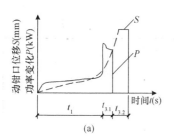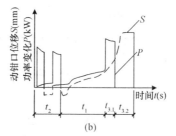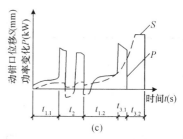

(a)   (b)   (c)

图 4-16 钢筋闪光对焊工艺过程图解

S－动钳口位移；P－功率变化；t－时间；t_1－烧化时间；$t_{1.1}$－一次烧化时间

$t_{1.2}$－二次烧化时间；t_2－预热时间；$t_{3.1}$－有电顶锻时间；$t_{3.2}$－无电顶锻时间

表 4-12 连续闪光焊钢筋直径上限

焊机容量（kV·A）	钢筋牌号	钢筋直径（mm）
160 （150）	HPB300	22
	HRB335、HRBF335	22
	HRB400、HRBF400	20
100	HPB300	20
	HRB335、HRBF335	20
	HRB400、HRBF400	18
80 （75）	HPB300	16
	HRB335、HRBF335	14
	HRB400、HRBF400	12

钢筋闪光对焊的介绍

钢筋闪光对焊是将两钢筋成对接形式水平安置在对焊机夹钳中，使两钢筋接触，通以低电压的强电流，把电能转化为热能（电阻热），当钢筋加热到一定程度后，即施加轴向压力挤压（称为顶锻），便形成对焊接头。其原理如图 4-17 所示。

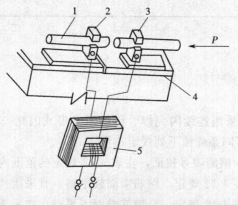

图 4-17 钢筋闪光对焊原理图

1—钢筋；2—固定电极；3—可动电极；4—机座；5—焊接变压器

　　钢筋闪光对焊具有生产效率高、操作方便、节约钢材、焊接质量高、接头受力性能好等许多优点。适用于直径 10～40 mm 的 HPB235、HRB335 和 HRB400 级热轧钢筋，直径 10～25 mm 的 RRB400 级热轧钢筋以及直径 10～25 mm 的余热处理 HRB400 级钢筋的焊接。

　　（3）施焊中，焊工应熟练掌握各项留量参数（图 4-18），以确保焊接质量。

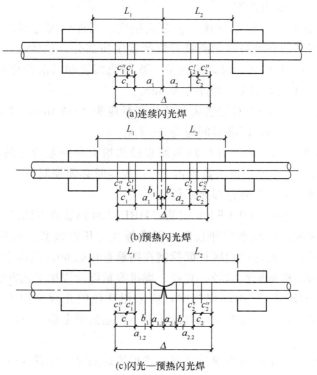

(a)连续闪光焊

(b)预热闪光焊

(c)闪光—预热闪光焊

图 4-18　钢筋闪光对焊三种工艺方法留量图解

L_1、L_2—调伸长度；a_1+a_2—烧化留量；$a_{1.1}+a_{2.1}$—一次烧化留量；$a_{1.2}+a_{2.2}$—二次烧化留量；b_1+b_2—预热留量；c_1+c_2—顶锻留量；$c'_1+c'_2$—有电顶锻留量；$c''_1+c''_2$—无电顶锻留量；Δ—焊接总留量

钢筋对焊机的介绍

　　工程实践中，常用的钢筋对焊机的型号及额定的功率见表 4-13。在工程中一般采用的是 UN-100 型杠杆传动式手工对焊机，它能焊接直径达 36 mm 的钢筋，每小时可焊接头 30 个左右，全机重约 450 kg。

表 4-13　钢筋对焊机

名称	型号	容量（kV·A）	额定电压（V）	焊件截面面积（mm²）	用　途
对焊机	UN-150	150	380	1 500	主要用于建筑施工用 $\phi14\sim$ $\phi40$ mm 螺纹钢筋的闪光对焊
对焊机	UN-125	125	380	1 200	
对焊机	UN-100	100	380	1 000	
对焊机	UN-75	75	600	600	

（4）闪光对焊时，应按下列规定选择调伸长度、烧化留量、顶锻留量以及变压器级数等焊接参数：

1）调伸长度的选择，应随着钢筋牌号的提高和钢筋直径的加大而增长，主要是减缓接头的温度梯度，防止热影响区产生淬硬组织；当焊接 HRB400、HRBF400 等牌号钢筋时，调伸长度宜在 40～60 mm 内选用。

2）烧化留量的选择，应根据焊接工艺方法确定。当连续闪光焊时，闪光过程应较长；烧化留量应等于两根钢筋在断料时切断机刀口严重压伤部分（包括端面的不平整度），再加 8～10 mm；当闪光—预热闪光焊时，应区分一次烧化留量和二次烧化留量。一次烧化留量不应小于 10 mm，二次烧化留量不应小于 6 mm。

3）需要预热时，宜采用电阻预热法。预热留量应为 1～2 mm，预热次数应为 1～4 次；每次预热时间应为 1.5～2 s，间歇时间应为 3～4 s。

4）顶锻留量应为 3～7 mm，并应随钢筋直径的增大和钢筋牌号的提高而增加。其中，有电顶锻留量约占 1/3，无电顶锻留量约占 2/3，焊接时必须控制得当。焊接 HRB500 钢筋时，顶锻留量宜稍微增大，以确保焊接质量。

（5）当 HRBF335 钢筋、HRBF400 钢筋、HRBF500 钢筋或 RRB400W 钢筋进行闪光对焊时，与热轧钢筋比较，应减小调伸长度，提高焊接变压器级数，缩短加热时间，快速顶锻，形成快热快冷条件，使热影响区长度控制在钢筋直径的 60% 范围之内。

（6）变压器级数应根据钢筋牌号、直径、焊机容量以及焊接工艺方法等具体情况选择。

（7）HRB500、HRBF500 钢筋焊接时，应采用预热闪光焊或闪光—预热闪光焊工艺。当接头拉伸试验结果，发生脆性断裂或弯曲试验不能达到规定要求时，尚应在焊机上进行焊后热处理。

（8）在闪光对焊生产中，当出现异常现象或焊接缺陷时，应查找原因，采取措施，及时消除。

2. 质量控制

（1）闪光对焊接头的质量检验，应分批进行外观质量检查和力学性能检验，并应符合下列规定：

1）在同一台班内，由同一个焊工完成的 300 个同牌号、同直径钢筋焊接接头应作为一批。当同一台班内焊接的接头数量较少，可在一周之内累计计算；累计仍不足 300 个接头时，应按一批计算。

2）力学性能检验时，应从每批接头中随机切取 6 个接头，其中 3 个做拉伸试验，3 个做弯曲试验。

3）异径钢筋接头可只做拉伸试验。

（2）闪光对焊接头外观质量检查结果，应符合下列规定：

1）对焊接头表面应呈圆滑、带毛刺状，不得有肉眼可见的裂纹。

2）与电极接触处的钢筋表面不得有明显烧伤。

3）接头处的弯折角度不得大于 2°。

4）接头处的轴线偏移不得大于钢筋直径的 1/10，且不得大于 1 mm。

三、箍筋闪光对焊

1. 施工技术

（1）箍筋闪光对焊的焊点位置宜设在箍筋受力较小一边的中部。不等边的多边形柱箍筋对焊点位置宜设在两个边上的中部。

（2）箍筋下料长度应预留焊接总留量（Δ），其中包括烧化留量（A）、预热留量（B）和顶锻留量（C）。

当切断机下料，增加压痕长度，采用闪光—预热闪光焊工艺时，焊接总留量 Δ 随之增大，约为 $1.0d$（d 为箍筋直径）。上列计算箍筋下料长度经试焊后核对，箍筋外皮尺寸应符合设计图纸的规定。

（3）钢筋切断和弯曲应符合下列规定：

1）钢筋切断宜采用钢筋专用切割机下料；当用钢筋切断机时，刀口间隙不得大于 0.3 mm。

2）切断后的钢筋端面应与轴线垂直，无压弯、无斜口。

3）钢筋按设计图纸规定尺寸弯曲成型，制成待焊箍筋，应使两个对焊钢筋头完全对准，具有一定弹性压力（图 4-19）。

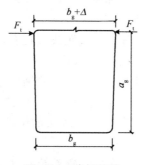

图 4-19　待焊箍筋

a_g—箍筋内净长度；b_g—箍筋内净宽度；Δ—焊接总留量；F_t—弹性压力

（4）待焊箍筋为半成品，应进行加工质量的检查，属中间质量检查。按每一工作班、同一牌号钢筋、同一加工设备完成的待焊箍筋作为一个检验批，每批随机抽查 5% 件。检查项目应符合下列规定：

1）两钢筋头端面应闭合，无斜口；

2）接口处应有一定弹性压力。

（5）箍筋闪光对焊应符合下列规定：

1）宜使用 100 kV·A 的箍筋专用对焊机；

2）宜采用预热闪光焊，焊接工艺参数、操作要领、焊接缺陷的产生与消除措施等；

3）焊接变压器级数应适当提高，二次电流稍大；

4）两钢筋顶锻闭合后，应延续数秒钟再松开夹具。

（6）箍筋闪光对焊过程中，当出现异常现象或焊接缺陷时，应查找原因，采取措施，及时消除。

2. 质量控制

（1）箍筋闪光对焊接头应分批进行外观质量检查和力学性能检验，并应符合下列规定：

1）在同一台班内，由同一焊工完成的 600 个同牌号、同直径箍筋闪光对焊接头作为一个检验批；如超出 600 个接头，其超出部分可以与下一台班完成接头累计计算；

2）每一检验批中，应随机抽查 5% 的接头进行外观质量检查；

3）每个检验批中应随机切取 3 个对焊接头做拉伸试验。

（2）箍筋闪光对焊接头外观质量检查结果，应符合下列规定：

1）对焊接头表面应呈圆滑、带毛刺状，不得有肉眼可见裂纹；

2）轴线偏移不得大于钢筋直径的 1/10，且不得大于 1 mm；

3）对焊接头所在直线边的顺直度检测结果凹凸不得大于 5 mm；

4）对焊箍筋外皮尺寸应符合设计图纸的规定，允许偏差应为 ±5 mm；

5）与电极接触处的钢筋表面不得有明显烧伤。

四、钢筋气压焊

1. 施工技术

（1）气压焊可用于钢筋在垂直位置、水平位置或倾斜位置的对接焊接。

（2）气压焊按加热温度和工艺方法的不同，可分为固态气压焊和熔态气压焊两种，施工单位应根据设备等情况选择采用。

（3）气压焊按加热火焰所用燃料气体的不同，可分为氧乙炔气压焊和氧液化石油气气压焊两种。氧液化石油气火焰的加热温度稍低，施工单位应根据具体情况选用。

（4）气压焊设备应符合下列规定：

1）供气装置应包括氧气瓶、溶解乙炔气瓶或液化石油气瓶、减压器及胶管等；溶解乙炔气瓶或液化石油气瓶出口处应安装干式回火防止器。

2）焊接夹具应能夹紧钢筋，当钢筋承受最大的轴向压力时，钢筋与夹头之间不得产生相对滑移；应便于钢筋的安装定位，并在施焊过程中保持刚度；动夹头应与定夹头同心，并且当不同直径钢筋焊接时，亦应保持同心；动夹头的位移应大于或等于现场最大直径钢筋焊接时所需要的压缩长度。

3）采用半自动钢筋固态气压焊或半自动钢筋熔态气压焊时，应增加电动加压装置、带有加压控制开关的多嘴环管加热器，采用固态气压焊时，宜增加带有陶瓷切割片的钢筋常温直角切断机。

4）当采用氧液化石油气火焰进行加热焊接时，应配备梅花状喷嘴的多嘴环管加热器。

（5）采用固态气压焊时，其焊接工艺应符合下列规定：

1）焊前钢筋端面应切平、打磨，使其露出金属光泽，钢筋安装夹牢，预压顶紧后，两钢筋端面局部间隙不得大于 3 mm。

2）气压焊加热开始至钢筋端面密合前，应采用碳化焰集中加热；钢筋端面密合后可采用中性焰宽幅加热；钢筋端面合适加热温度应为 1 150℃～1 250℃；钢筋镦粗区表面的加热温度应稍高于该温度，并随钢筋直径增大而适当提高。

3）气压焊顶压时，对钢筋施加的顶压力应为 30～40 MPa。

4）三次加压法的工艺过程应包括：预压、密合和成型 3 个阶段（图 4-20）。

5）当采用半自动钢筋固态气压焊时，应使用钢筋常温直角切断机断料，两钢筋端面间隙应控制在 1～2 mm，钢筋端面应平滑，可直接焊接。

（6）采用熔态气压焊时，焊接工艺应符合下列规定：

1）安装时，两钢筋端面之间应预留 3～5 mm 间隙；

2）当采用氧液化石油气熔态气压焊时，应调整好火焰，适当增大氧气用量；

3）气压焊开始时，应首先使用中性焰加热，待钢筋端头至熔化状态，附着物随熔滴流走，端部呈凸状时，应加压，挤出熔化金属，并密合牢固。

（7）在加热过程中，当在钢筋端面缝隙完全密合之前发生灭火中断现象时，应将钢筋取下重新打磨、安装，然后点燃火焰进行焊接。当灭火中断发生在钢筋端面缝隙完全密合之后，可继续加热加压。

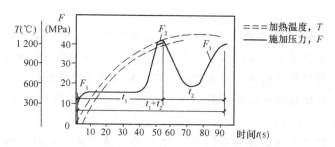

图 4-20　ϕ25 mm 钢筋三次加压法焊接工艺过程图示

t_1—碳化焰对准钢筋接缝处集中加热时间；F_1——次加压，预压；

t_2—中性焰往复宽幅加热时间；F_2—二次加压、接缝密合；

$t_1 + t_2$—根据钢筋直径和火焰热功率而定；F_3—三次加压、镦粗成型

（8）在焊接生产中，焊工应自检，当发现焊接缺陷时，应查找原因，并采取措施，及时消除。

钢筋气压焊机具的介绍

钢筋气压焊是采用一定比例的氧气和乙炔焰为热源，对需要接头的两钢筋端部接缝处进行加热烘烤，使其达到热塑状态，同时对钢筋施加 30～40 MPa 的轴向压力，使钢筋顶锻在一起。

钢筋气压焊分敞开式和闭式两种。前者是将两根钢筋端面稍微离开，加热到熔化温度，加压完成焊接的一种方法，属熔化压力焊；后者是将两根钢筋端面紧密闭合，加热到 1 200～1 250℃，加压完成焊接的一种方法，属固态压力焊。目前，常用的方法为闭式气压焊，其机理是在还原性气体的保护下加热钢筋，使其发生塑性流变后相互紧密接触，促使端面金属晶体相互扩散渗透，再结晶，再排列，进而形成牢固的对焊接头。

这项工艺不仅适用于竖向钢筋的连接，也适用于各种方向布置的钢筋连接。适用于 HPB235、HRB335 级钢筋的焊接，其直径为 14～40 mm。当不同直径钢筋焊接时，两钢筋直径差不得大于 7 mm。另外，热轧 HRB400 级钢筋中的 20 MnSiV、20 MnTi 亦可适用，但不包括含碳量、含硅量较高的 25 MnSi。

（1）焊接设备。

钢筋气压焊设备主要包括氧气和乙炔供气装置、加热器、加压器及钢筋卡具等，如图 4-21 所示。辅助设备包括用于切割钢筋的砂轮锯、磨平钢筋端头的角向磨光机等，现分别介绍如下。

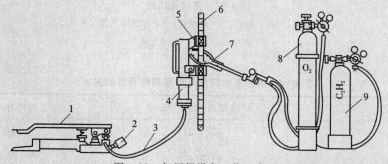

图 4-21　气压焊设备工作示意图

1—脚踏液压泵；2—压力表；3—液压胶管；4—油缸；5—钢筋卡具；

6—被焊接钢筋；7—多火口烤钳；8—氧气瓶；9—乙炔瓶

  1）供气装置。供气装置包括氧气瓶、溶解乙炔气瓶（或中压乙炔发生器）、干式回火防止器、减压器、橡胶管等。溶解乙炔气瓶的供气能力，必须满足现场最粗钢筋焊接时的供气量要求，若气瓶供气不能满足要求时，可以并联使用多个气瓶。

  ①氧气瓶是用来贮存及运输压缩氧（O_2）的钢瓶，常用容积为 40 L，贮存氧气 6 m^3，瓶内公称压力为 14.7 MPa。

  ②乙炔气瓶是贮存及运输溶解乙炔（C_2H_2）的特殊钢瓶，瓶内填满浸渍丙酮的多孔性物质，其作用是防止气体的爆炸及加速乙炔溶解于丙酮的过程。瓶的容积 40 L，贮存乙炔气为 6 m^3，瓶内公称压力为 1.52 MPa。乙炔钢瓶必须垂直放置，当瓶内压力减低到 0.2 MPa 时，应停止使用。

  氧气瓶和溶解乙炔气瓶的使用，应遵照《气瓶安全监察规程》的有关规定执行。

  ③减压器是将气体从高压降至低压，设有显示气体压力大小的装置，并有稳压作用。减压器按工作原理分正作用和反作用两种，常用如下两种单级反作用减压器：QD-2A 型单级氧气减压器的高压额定压力为 15 MPa，低压调节范围为 0.1～1.0 MPa。QD-20 型单级乙炔减压器的高压额定压力为 1.6 MPa，低压调节范围为 0.01～0.15 MPa。

  ④回火防止器是装在燃料气体系统中防止火焰向燃气管路或气源回烧的保险装置，分水封式和干式两种。水封式回火防止器常与乙炔发生器组装成一体，使用时一定要检查水位。

  ⑤乙炔发生器是利用电石的主要成分碳化钙（CaC_2）和水相互作用，以制取乙炔的一种设备。使用乙炔发生器时应注意：每天工作完毕应放出电石渣，并经常清洗。

  2）加热器。加热器由混合气管和多口火烤钳组成，一般称为多嘴环管焊炬。为使钢筋接头处能均匀加热，多口火烤钳设计成环状钳形，如图 4-22 所示。并要求多束火焰燃烧均匀，调整方便。其火口数与焊接钢筋直径的关系可参考表 4-14。

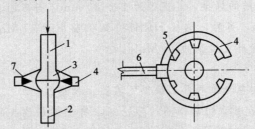

图 4-22　多口火烤钳

1—上钢筋；2—下钢筋；3—镦粗区；4—环形加热器（火钳）；
5—火口；6—混气管；7—火焰

表 4-14　加热器火口数与焊接钢筋直径的关系

项　次	焊接钢筋直径（mm）	火口数
1	$\phi22\sim\phi25$	6～8
2	$\phi26\sim\phi32$	8～10
3	$\phi33\sim\phi40$	10～12

3）加压器。加压器由液压泵、液压表、液压油管和顶压油缸四部分组成。在钢筋气压焊接作业中，加压器作为压力源，通过连接夹具对钢筋进行顶锻，施加所需要的轴向压力。

轴向压力可按下式计算：

$$p = \frac{f \cdot F_1 \cdot p}{F_2}$$

式中　p——对钢筋实际施加的轴向压力（MPa）；

　　　f——压力传递接头系数，一般可取 0.85；

　　　F_1——顶压油缸活塞截面积（mm^2）；

　　　p_0——油压表指针读数（MPa）；

　　　F_2——钢筋截面积（mm^2）。

液压泵分手动式、脚踏式和电动式三种。

4）钢筋卡具（或称钢筋夹具）。钢筋卡具由可动和固定卡子组成，用于卡紧、调整和压接钢筋。

连接钢筋夹具，应对钢筋有足够握力，确保夹紧钢筋，并便于钢筋的安装定位。

连接夹具应能传递对钢筋施加的足够的轴向压力，确保在焊接操作中钢筋不滑移，钢筋头不产生偏心和弯曲，并且不损伤钢筋的表面。

（2）材料。

1）钢筋。钢筋必须有材质试验证明书，各项技术性能和质量应符合现行标准《钢筋混凝土用钢第 1 部分　热轧光圆钢筋》（GB 1499.1—2008）中的有关规定。当采用其他品种、规格钢筋进行气压焊时，应进行钢筋焊接性能试验，经试验合格后方准采用。

2）氧气所使用的气态氧（O_2）的质量，应符合国家标准《工业氧》（GB/T 3863—2008）中规定的技术要求，纯度必须在 99.5％以上。其作业压力在 0.5～0.7 MPa 以下。

3）乙炔所使用的乙炔（C_2H_2），宜采用瓶装溶解乙炔，其质量应符合国家标准《溶解乙炔》（GB 6819—2004）中规定的要求，纯度按体积比达到 98％，其作业压力在 0.1 MPa 以下。

氧气和乙炔气的作业混合比例为 (1:1) ～ (1:4)。

2. 质量控制

（1）气压焊接头的质量检验，应分批进行外观质量检查和力学性能检验，并应符合下列规定：

1）在现浇钢筋混凝土结构中，应以 300 个同牌号钢筋接头作为一批；在房屋结构中，应在不超过连续二楼层中 300 个同牌号钢筋接头作为一批；当不足 300 个接头时，仍应作为一批。

2）在柱、墙的竖向钢筋连接中，应从每批接头中随机切取 3 个接头做拉伸试验；在梁、板的水平钢筋连接中，应另切取 3 个接头做弯曲试验。

3）在同一批中，异径钢筋气压焊接头可只做拉伸试验。

（2）钢筋气压焊接头外观质量检查结果，应符合下列规定：

1）接头处的轴线偏移 e 不得大于钢筋直径的 1/10，且不得大于 1 mm；当不同直径钢筋焊接时，应按较小钢筋直径计算；当大于上述规定值，但在钢筋直径的 3/10 以下时，可加热矫正；当大于 3/10 时，应切除重焊。

2）接头处表面不得有肉眼可见的裂纹。

3）接头处的弯折角度不得大于 2°；当大于规定值时，应重新加热矫正。

五、钢筋电渣压力焊

1．施工技术

（1）电渣压力焊应用于现浇钢筋混凝土结构中竖向或斜向（倾斜度不大于 10°）钢筋的连接。

（2）直径 12 mm 钢筋电渣压力焊时，应采用小型焊接夹具，上下两钢筋对正，不偏歪，多做焊接工艺试验，确保焊接质量。

（3）电渣压力焊焊机容量应根据所焊钢筋直径选定，接线端应连接紧密，确保良好导电。

（4）焊接夹具应具有足够刚度，夹具形式、型号应与焊接钢筋配套，上下钳口应同心，在最大允许荷载下应移动灵活，操作便利，电压表、时间显示器应配备齐全。

（5）电渣压力焊工艺过程应符合下列规定：

1）焊接夹具的上下钳口应夹紧于上、下钢筋上；钢筋一经夹紧，不得晃动，且两钢筋应同心。

2）引弧可采用直接引弧法或铁丝圈（焊条芯）间接引弧法。

3）引燃电弧后，应先进行电弧过程，然后，加快上钢筋下送速度，使上钢筋端面插入液态渣池约 2 mm，转变为电渣过程，最后在断电的同时，迅速下压上钢筋，挤出熔化金属和熔渣（图 4-23）。

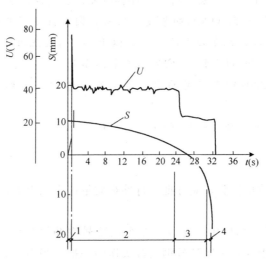

图 4-23　φ28 mm 钢筋电渣压力焊工艺过程图示

U—焊接电压；S—上钢筋位移；t—焊接时间

1—引弧过程；2—电弧过程；3—电渣过程；4—顶压过程

4）接头焊毕，应稍作停歇，方可回收焊剂和卸下焊接夹具；敲去渣壳后，四周焊包凸出钢筋表面的高度，当钢筋直径为 25 mm 及以下时不得小于 4 mm；当钢筋直径为 28 mm 及以上时不得小于 6 mm。

（6）电渣压力焊焊接参数应包括焊接电流、焊接电压和焊接通电时间；采用 HJ431 焊剂时，宜符合表 4-15 的规定。采用专用焊剂或自动电渣压力焊机时，应根据焊剂或焊机使用说明书中推荐数据，通过试验确定。

表 4-15　电渣压力焊焊接参数

钢筋直径 (mm)	焊接电流 (A)	焊接电压（V）		焊接通电时间（s）	
		电弧过程 $U_{2.1}$	电渣过程 $U_{2.2}$	电弧过程 t_1	电渣过程 t_2
12	280～320			12	2
14	300～350			13	4
16	300～350			15	5
18	300～350			16	6
20	350～400	35～45	18～22	18	7
22	350～400			20	8
25	350～400			22	9
28	400～450			25	10
32	450～500			30	11

（7）在焊接生产中焊工应进行自检，当发现偏心、弯折、烧伤等焊接缺陷时，应查找原因，采取措施，及时消除。

竖向钢筋电渣压力焊介绍

钢筋电渣压力焊属于熔化压力焊，它是利用电流通过两根钢筋端部之间产生的电弧热和通过渣池产生的电阻热将钢筋端部熔化，然后施加压力使钢筋焊接为一体的方法。这种方法具有施工简便、生产效率高、节约电能、节约钢材和接头质量可靠、成本较低的特点。主要用于现浇钢筋混凝土结构中竖向或斜向（倾斜度在 4∶1 范围内）钢筋的连接。

竖向钢筋电渣压力焊是一种综合焊接，它具有埋弧焊、电渣焊、压力焊三种焊接方法的特点。焊接开始时，首先在上下两钢筋端面之间引燃电弧，使电弧周围焊剂熔化形成空穴，随后在监视焊接电压的情况下，进行"电弧过程"的延时，利用电弧热量，一方面使电弧周围的焊剂不断熔化，以使渣池形成必要的深度；另一方面使钢筋端面逐渐烧平，为获得优良接头创造条件。接着将上钢筋端部潜入渣池中，电弧熄灭，进行"电渣过程"的延时，利用电阻热能使钢筋全断面熔化并形成有利于保证焊接质量的端面形状。最后，在断电的同时迅速进行挤压，排除全部熔渣和熔化金属，形成焊接接头。电渣压力焊工艺过程如图 4-24 所示。

钢筋电渣压力焊接一般适用于 HPB235、HRB335 级 φ14～40 mm 钢筋的连接。

（1）焊机。按整机组合方式分类。

1）分体式焊机。包括焊接电源（电弧焊机）、焊接夹具、控制系统和辅件（焊剂盒、回收工具）等几部分。此外，还有控制电缆、焊接电缆等附件。其特点是便于充分利用现有电弧焊机，节省投资。

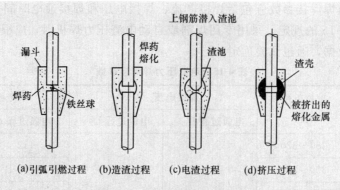

(a)引弧引燃过程   (b)造渣过程   (c)电渣过程   (d)挤压过程

图 4-24　电渣压力焊工艺过程

2）同体式焊机。将控制系统的电气元件组合在焊接电源内，另配焊接夹具、电缆等。其特点是可以一次投资到位，购入即可使用。

（2）焊接电源。可采用额定焊接电源 500 A 或 500 A 以上的弧焊电源（电弧焊机）作为焊接电源，交流或直流均可。

焊接电源的次级空载电压应较高，以便于引弧。

焊机的容量，应根据所焊钢筋直径选定。常用的交流弧焊机有 BX3-500-2、BX3-650、BX2-700、BX2-1000 等，也可选用 JSD-600 型或 JSD-1000 型专用电源；直流弧焊电源，可用 ZX5-630 型晶闸管弧焊整流器或硅弧焊整流器。

（3）焊接夹具。由立柱、传动机构、上下夹钳、焊剂（药）盒等组成，并装有监控装置，包括控制开关、次级电压表、时间指示灯（显示器）等。

夹具的主要作用是夹住上下钢筋，使钢筋定位同心；传导焊接电流；确保焊药盒直径与钢筋直径相适应，便于装卸焊药。焊接夹具上装有掌握各项焊接参数的监控装置。

（4）控制箱。它的作用是通过焊工操作（在焊接夹具上撤按钮），使弧焊电源的一次线路接通或断开。

（5）焊剂。焊剂采用高锰、高硅、低氢型 HJ431 焊剂，其作用是使熔渣形成渣池，使钢筋接头良好地形成，并保护熔化金属和高温金属，避免氧化、氮化作用的发生。使用前必须经 250℃烘烤 2 h。落地的焊剂可以回收，并经 5 mm 筛子筛去熔渣，再经铜箩底筛筛一遍后烘烤 2 h，最后再用铜箩底筛筛一遍，才能与新焊剂各掺一半混合使用。

2. 质量控制

（1）电渣压力焊接头的质量检验，应分批进行外观质量检查和力学性能检验，并应符合下列规定：

1）在现浇钢筋混凝土结构中，应以 300 个同牌号钢筋接头作为一批；

2）在房屋结构中，应在不超过连续二楼层中 300 个同牌号钢筋接头作为一批；当不足300 个接头时，仍应作为一批；

3）每批随机切取 3 个接头试件做拉伸试验。

（2）电渣压力焊接头外观质量检查结果，应符合下列规定：

1）四周焊包凸出钢筋表面的高度，当钢筋直径为 25 mm 及以下时，不得小于 4 mm；当钢筋直径为 28 mm 及以上时，不得小于 6 mm；

2）钢筋与电极接触处，应无烧伤缺陷；

3）接头处的弯折角度不得大于 2°；

4）接头处的轴线偏移不得大于 1 mm。

全封闭自动钢筋竖、横向电渣焊机具的介绍

全封闭自动钢筋电渣焊机配有竖向和横向卡具，可一机多用，既可用于钢筋竖向焊接，亦可用于钢筋水平方向焊接，并实现钢筋焊接过程自动化控制。其特点是操作简便，焊接过程全自动程序控制，不受人为因素影响；焊接卡具为全封闭结构，防尘、防沙，环境适应能力强；钢筋焊接端部无需作任何处理；焊接卡具采用 28 V 低压直流电动机驱动，并设有上下极限位置自动保护装置，工作安全性好；焊机控制电路设有过压、过流、挤压和熄弧等自动保护措施，一台控制箱可带 4～6 个卡具连续操作，生产效率高。

（1）设备组成。全封闭自动钢筋电渣焊机的设备组成如图 4-25 所示，卡具结构如图4-26 所示。

（2）焊机的配电设备和线路技术要求。

1）工地供电变压器的容量要大于 100 kV·A，若与塔式起重机等用电设备共用时，变压器的容量还要相应加大，以保证焊机工作时正常供电。电源电压波动范围不应超出焊机配电的技术要求。

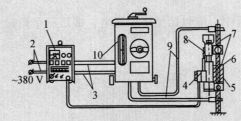

图 4-25　全自动钢筋竖向电渣焊机示意

1—控制箱；2—电源电缆；3—控制箱输出电缆；4—控制盒；5—焊剂盒；
6—焊剂；7—被焊钢筋；8—焊接卡具；9—焊钳电缆；10—电焊机

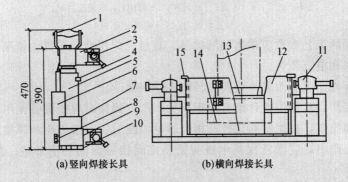

(a)竖向焊接长具　　　　(b)横向焊接长具

图 4-26　卡具结构示意图

1—把手；2—上卡头；3—紧固螺栓；4—焊剂盒插口；5—电动机构；6—控制盒插座；
7—下钢筋限位标记；8—下卡头顶丝；9—下卡头；10—端盖；11—横向卡具、卡头和基座；
12—焊剂盒；13—横焊立管；14—铜模；15—左右挡板

2）从配电盘至电焊机的电源线，其导线截面面积应大于 16 mm²；若电源线长度大于 100 m 时，其导线截面面积应大于 20 mm²，以避免线路压降过大。

3）焊钳电缆导线（焊把线）截面面积应大于 70 mm²，电源线和焊钳电缆的接线头与导线连接要压实焊牢，并紧固在配电盘和电焊机的接线柱上。

4）配电盘上的空气保险开关和漏电保护开关的额定电流，均应大于 150 A。

5）交流 380 V 电源电缆和控制箱至卡具控制电缆的走线位置要选择好，以防止工地上金属模板或其他重物砸坏电缆；若配电盘、电焊机和卡具相距较近时，电缆应拉开放置，不能盘成圆盘。

6）电焊机和控制箱都要接地线，并接地良好。

六、钢筋电阻点焊

（1）混凝土结构中钢筋焊接骨架和钢筋焊接网，宜采用电阻点焊制作。

（2）钢筋焊接骨架和钢筋焊接网在焊接生产中，当两根钢筋直径不同时，焊接骨架较小钢筋直径小于或等于 10 mm 时，大、小钢筋直径之比不宜大于 3 倍；当较小钢筋直径为 12～16 mm 时，大、小钢筋直径之比不宜大于 2 倍。焊接网较小钢筋直径不得小于较大钢筋直径的 60%。

（3）电阻点焊的工艺过程中，应包括预压、通电、锻压三个阶段（图 4-27）。

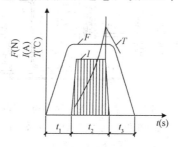

图 4-27　点焊过程示意

F—压力；I—电流；T—温度；t—时间；t_1—预压时间；

t_2—通电时间；t_3—锻压时间

（4）电阻点焊的工艺参数应根据钢筋牌号、直径及焊机性能等具体情况，选择变压器级数、焊接通电时间和电极压力。

（5）焊点的压入深度应为较小钢筋直径的 18%～25%。

（6）钢筋焊接网、钢筋焊接骨架宜用于成批生产；焊接时应按设备使用说明书中的规定进行安装、调试和操作，根据钢筋直径选用合适电极压力、焊接电流和焊接通电时间。

（7）在点焊生产中，应经常保持电极与钢筋之间接触面的清洁平整；当电极使用变形时，应及时修整。

（8）钢筋点焊生产过程中，应随时检查制品的外观质量；当发现焊接缺陷时，应查找原因并采取措施，及时消除。

七、预埋件钢筋埋弧压力焊

（1）预埋件钢筋埋弧压力焊设备应符合下列规定：

1）当钢筋直径为 6 mm 时，可选用 500 型弧焊变压器作为焊接电源；当钢筋直径为

8 mm及以上时，应选用 1 000 型弧焊变压器作为焊接电源；

2）焊接机构应操作方便、灵活；宜装有高频引弧装置；焊接地线宜采取对称接地法，以减少电弧偏移（图 4-28）；操作台面上应装有电压表和电流表；

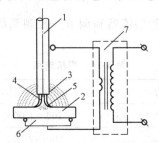

图 4-28　对称接地示意

1—钢筋；2—钢板；3—焊剂；4—电弧；5—熔池；

6—铜板电极；7—焊接变压器

3）控制系统应灵敏、准确，并应配备时间显示装置或时间继电器，以控制焊接通电时间。

（2）埋弧压力焊工艺过程应符合下列规定：

1）钢板应放平，并应与铜板电极接触紧密；

2）将锚固钢筋夹于夹钳内，应夹牢；并应放好挡圈，注满焊剂；

3）接通高频引弧装置和焊接电源后，应立即将钢筋上提，引燃电弧，使电弧稳定燃烧，再渐渐下送；

4）顶压时，用力应适度（图 4-29）；

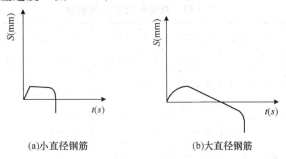

(a)小直径钢筋　　　　　　　　　　　(b)大直径钢筋

图 4-29　预埋件钢筋埋弧压力焊上钢筋位移

S—钢筋位移；t—焊接时间

5）敲去渣壳，四周焊包凸出钢筋表面的高度，当钢筋直径为 18 mm 及以下时，不得小于 3 mm，当钢筋直径为 20 mm 及以上时，不得小于 4 mm。

（3）埋弧压力焊的焊接参数应包括引弧提升高度、电弧电压、焊接电流和焊接通电时间。

（4）在埋弧压力焊生产中，引弧、燃弧（钢筋维持原位或缓慢下送）和顶压等环节应紧密配合；焊接地线应与铜板电极接触紧密，并应及时消除电极钳口的铁锈和污物，修理电极钳口的形状。

（5）在埋弧压力焊生产中，焊工应自检，当发现焊接缺陷时，应查找原因，并采取措施，及时消除。

八、预埋件钢筋埋弧螺柱焊

（1）预埋件钢筋埋弧螺柱焊设备应包括：埋弧螺柱焊机、焊枪、焊接电缆、控制电缆和钢筋夹头等。

（2）埋弧螺柱焊机应由晶闸管整流器和调节一控制系统组成，有多种型号，在生产中，应根据表 4-16 选用。

表 4-16　焊机选用

钢筋直径（mm）	焊机型号	焊接电流调节范围（A）	焊接时间调节范围（s）
6～14	RSM—1000	100～1 000	1.30～13.00
14～25	RSM—2500	200～2 500	1.30～13.00
16～28	RSM—3150	300～3 150	1.30～13.00

（3）埋弧螺柱焊焊枪有电磁铁提升式和电机拖动式两种，生产中，应根据钢筋直径和长度选用焊枪。

（4）预埋件钢筋埋弧螺柱焊工艺应符合下列规定：

1）将预埋件钢板放平，在钢板的远处对称点，用两根电缆将钢板与焊机的正极连接，将焊枪与焊机的负极连接，连接应紧密、牢固。

2）将钢筋推入焊枪的夹持钳内，顶紧于钢板，在焊剂挡圈内注满焊剂。

3）应在焊机上设定合适的焊接电流和焊接通电时间；应在焊枪上设定合适的钢筋伸出长度和钢筋提升高度（表 4-17）。

表 4-17　埋弧螺柱焊焊接参数

钢筋牌号	钢筋直径（mm）	焊接电流（A）	焊接时间（s）	提升高度（mm）	伸出长度（mm）	焊剂牌号	焊机牌号
HPB300 HRB335 HRBF335 HRB400 HRBF400	6	450～500	3.2～2.3	4.8～5.5	5.5～6.0	HJ 431 SJ 101	RSM1000
	8	470～580	3.4～2.5	4.8～5.5	5.5～6.5		RSM1000
	10	500～600	3.8～2.8	5.0～6.0	5.5～7.0		RSM1000
	12	550～650	4.0～3.0	5.5～6.5	6.5～7.0		RSM1000
	14	600～700	4.4～3.2	5.8～6.6	6.8～7.2		RSM1000/2500
	16	850～1 100	4.8～4.0	7.0～8.5	7.5～8.5		RSM2500
	18	950～1 200	5.2～4.5	7.2～8.6	7.8～8.8		RSM2500
	20	1 000～1 250	6.5～5.2	8.0～10.0	8.0～9.0		RSM3150/2500
	22	1 200～1 350	6.7～5.5	8.0～10.5	8.2～9.2		RSM3150/2500
	25	1 250～1 400	8.8～7.8	9.0～11.0	8.4～10.0		RSM3150/2500
	28	1 350～1 550	9.2～8.5	9.5～11.0	9.0～10.5		RSM3150

4）按动焊枪上按钮"开"，接通电源，钢筋上提，引燃电弧（图 4-30）。

5）经过设定燃弧时间，钢筋自动插入熔池，并断电。

6）停息数秒钟，打掉渣壳，四周焊包应凸出钢筋表面；当钢筋直径为 18 mm 及以下时，凸出高度不得小于 3 mm；当钢筋直径为 20 mm 及以上时，凸出高度不得小于 4 mm。

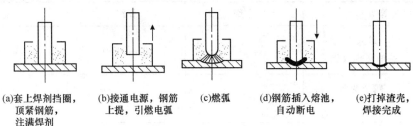

(a)套上焊剂挡圈，　　(b)接通电源，钢筋　　(c)燃弧　　(d)钢筋插入熔池，　　(e)打掉渣壳，
　　顶紧钢筋，　　　　　上提，引燃电弧　　　　　　　　　　自动断电　　　　　焊接完成
　　注满焊剂

图 4-30　预埋件钢筋埋弧螺柱焊示意

第三节　钢筋机械连接

一、接头的设计原则和性能等级

（1）接头的设计应满足强度及变形性能的要求。

（2）接头连接件的屈服承载力和受拉承载力的标准值不应小于被连接钢筋的屈服承载力和受拉承载力标准值的 1.10 倍。

（3）接头应根据其性能等级和应用场合，对单向拉伸性能、高应力反复拉压、大变形反复拉压、抗疲劳等各项性能确定相应的检验项目。

（4）接头应根据抗拉强度、残余变形以及高应力和大变形条件下反复拉压性能的差异，分为下列三个性能等级：

1）Ⅰ级。接头抗拉强度等于被连接钢筋的实际拉断强度或不小于 1.10 倍钢筋抗拉强度标准值，残余变形小并具有高延性及反复拉压性能。

2）Ⅱ级。接头抗拉强度不小于被连接钢筋抗拉强度标准值，残余变形较小并具有高延性及反复拉压性能。

3）Ⅲ级。接头抗拉强度不小于被连接钢筋屈服强度标准值的 1.25 倍，残余变形较小并具有一定的延性及反复拉压性能。

（5）Ⅰ级、Ⅱ级、Ⅲ级接头的抗拉强度必须符合表 4-18 的规定。

表 4-18　接头的抗拉强度

接头等级	Ⅰ级	Ⅱ级	Ⅲ级
抗拉强度	$f_{mst}^0 \geqslant f_{stk}$，断于钢筋 或 $f_{mst}^0 \geqslant 1.10 f_{stk}$，断于接头	$f_{mst}^0 \geqslant f_{stk}$	$f_{mst}^0 \geqslant 1.25 f_{stk}$

（6）Ⅰ级、Ⅱ级、Ⅲ级接头应能经受规定的高应力和大变形反复拉压循环，且在经历拉压循环后，其抗拉强度仍应符合表 4-18 的规定。

（7）Ⅰ级、Ⅱ级、Ⅲ级接头的变形性能应符合表 4-19 的规定。

表 4-19　接头的变形性能

接头等级		Ⅰ级	Ⅱ级	Ⅲ级
单向拉伸	残余变形 （mm）	$u_0 \leqslant 0.10$（$d \leqslant 32$） $u_0 \leqslant 0.14$（$d > 32$）	$u_0 \leqslant 0.14$（$d \leqslant 32$） $u_0 \leqslant 0.16$（$d > 32$）	$u_0 \leqslant 0.14$（$d \leqslant 32$） $u_0 \leqslant 0.16$（$d > 32$）

续上表

接头等级		Ⅰ级	Ⅱ级	Ⅲ级
单向拉伸	最大力总伸长率（%）	$A_{sgt} \geqslant 6.0$	$A_{sgt} \geqslant 6.0$	$A_{sgt} \geqslant 3.0$
高应力反复拉压	残余变形（mm）	$u_{20} \leqslant 0.3$	$u_{20} \leqslant 0.3$	$u_{20} \leqslant 0.3$
大变形反复拉压	残余变形（mm）	$u_4 \leqslant 0.3$ 且 $u_8 \leqslant 0.6$	$u_4 \leqslant 0.3$ 且 $u_8 \leqslant 0.6$	$u_4 \leqslant 0.6$

注：当频遇荷载组合下，构件中钢筋应力明显高于 $0.6f_{yk}$ 时，设计部门可对单向拉伸残余变形 u_0 的加载峰值得出调整要求。

（8）对直接承受动力荷载的结构构件，设计应根据钢筋应力变化幅度提出接头的抗疲劳性能要求。当设计无专门要求时，接头的疲劳应力幅限值不应小于表 4-20 中数值的 80%。

表 4-20　普通钢筋疲劳应力幅限值　　　　　　　　（单位：N/mm²）

疲劳应力比值 ρ_s^f	疲劳应力幅限值 Δf_y^f	
	HRB335	HRB400
0	175	175
0.1	162	162
0.2	154	156
0.3	144	149
0.4	131	137
0.5	115	123
0.6	97	106
0.7	77	85
0.8	54	60
0.9	28	31

注：当纵向受拉钢筋采用闪光接触对焊连接时，其接头处的钢筋疲劳应力幅限值应按表中数值乘以 0.8 取用。

二、接头的加工

（1）在施工现场加工钢筋接头时，应符合下列规定：

1）加工钢筋接头的操作工人应经专业技术人员培训合格后才能上岗，人员应相对稳定；

2）钢筋接头的加工应经工艺检验合格后方可进行。

（2）直螺纹接头的现场加工应符合下列规定：

1）钢筋端部应切平或镦平后加工螺纹；

2）镦粗头不得有与钢筋轴线相垂直的横向裂纹；

3）钢筋丝头长度应满足企业标准中产品设计要求，公差应为 $0 \sim 2.0p$（p 为螺距）；

4）钢筋丝头宜满足 6f 级精度要求，应用专用直螺纹量规检验，通规能顺利旋入并达到要求的拧入长度，止规旋入不得超过 $3p$。抽检数量 10%，检验合格率不应小于 95%。

（3）锥螺纹接头的现场加工应符合下列规定：

1）钢筋端部不得有影响螺纹加工的局部弯曲；

2）钢筋丝头长度应满足设计要求，使拧紧后的钢筋丝头不得相互接触，丝头加工长度公差应为 $-0.5p \sim -1.5p$；

3）钢筋丝头的锥度和螺距应使用专用锥螺纹量规检验；抽检数量 10%，检验合格率不应小于 95%。

三、接头的安装

（1）直螺纹钢筋接头的安装质量应符合下列要求：

1）安装接头时可用管钳扳手拧紧，应使钢筋丝头在套筒中央位置相互顶紧。标准型接头安装后的外露螺纹不宜超过 $2p$；

2）安装后应用扭力扳手校核拧紧扭矩，拧紧扭矩值应符合表 4-21 的规定；

表 4-21　直螺纹接头安装时的最小拧紧扭矩值

钢筋直径（mm）	≤16	18~20	22~25	28~32	36~40
拧紧扭矩（N·m）	100	200	260	320	360

3）校核用扭力扳手的准确度级别可选用 10 级。

（2）锥螺纹钢筋接头的安装质量应符合下列要求：

1）接头安装时应严格保证钢筋与连接套的规格相一致；

2）接头安装时应用扭力扳手拧紧，拧紧扭矩值应符合表 4-22 的要求；

表 4-22　锥螺纹接头安装时的最小拧紧扭矩值

钢筋直径（mm）	≤16	18~20	22~25	28~32	36~40
拧紧扭矩（N·m）	100	180	240	300	360

3）校核用扭力扳手与安装用扭力扳手应区分使用，校核用扭力扳手应每年校核 1 次，准确度级别应选用 5 级。

（3）套筒挤压钢筋接头的安装质量应符合下列要求：

1）钢筋端部不得有局部弯曲，不得有严重锈蚀和附着物；

2）钢筋端部应有检查插入套筒深度的明显标记，钢筋端头离套筒长度中点不宜超过 10 mm；

3）挤压应从套筒中央开始，依次向两端挤压，压痕直径的波动范围应控制在供应商认定的允许波动范围内，并提供专用量规进行检验；

4）挤压后的套筒不得有肉眼可见裂纹。

四、接头的要求

（1）结构设计图纸中应列出设计选用的钢筋接头等级和应用部位。接头等级的选定应符合下列规定。

1）混凝土结构中要求充分发挥钢筋强度或对延性要求高的部位应优先选用Ⅱ级接头。当在同一连接区段内必须实施 100% 钢筋接头的连接时，应采用Ⅰ级接头。

2）混凝土结构中钢筋应力较高但对延性要求不高的部位可采用Ⅲ级接头。

（2）钢筋连接件的混凝土保护层厚度宜符合现行国家标准《混凝土结构设计规范》（GB 50010—2010）中受力钢筋的混凝土保护层最小厚度的规定，且不得小于 15 mm。连接件之间的横向净距不宜小于 25 mm。

（3）结构构件中纵向受力钢筋的接头宜相互错开。钢筋机械连接的连接区段长度应按 35d 计算。在同一连接区段内有接头的受力钢筋截面面积占受力钢筋总截面面积的百分率（以下简称接头百分率），应符合下列规定。

1）接头宜设置在结构构件受拉钢筋应力较小部位，当需要在高应力部位设置接头时，在同一连接区段内Ⅲ级接头的接头百分率不应大于 25%，Ⅱ级接头的接头百分率不应大于 50%。Ⅰ级接头的接头百分率除下述 2）条所列情况外可不受限制。

2）接头宜避开有抗震设防要求的框架的梁端、柱端箍筋加密区；当无法避开时，应采用Ⅱ级接头或Ⅰ级接头，且接头百分率不应大于 50%。

3）受拉钢筋应力较小部位或纵向受压钢筋，接头百分率可不受限制。

4）对直接承受动力荷载的结构构件，接头百分率不应大于 50%。

（4）当对具有钢筋接头的构件进行试验并取得可靠数据时，接头的应用范围可根据工程实际情况进行调整。

五、施工现场接头的检验与验收

（1）工程中应用钢筋机械接头时，应由该技术提供单位提交有效的型式检验报告。

（2）钢筋连接工程开始前，应对不同钢筋生产厂的进场钢筋进行接头工艺检验；施工过程中，更换钢筋生产厂时，应补充进行工艺检验。工艺检验应符合下列规定：

1）每种规格钢筋的接头试件不应少于 3 根；

2）每根试件的抗拉强度和 3 根接头试件的残余变形的平均值均应符合表 4-16 和表 4-17 的规定；

3）接头试件在测量残余变形后可再进行抗拉强度试验，并宜按相关规定的单向拉伸加载制度进行试验；

4）第一次工艺检验中 1 根试件抗拉强度或 3 根试件的残余变形平均值不合格时，允许再抽 3 根试件进行复检，复检仍不合格时判为工艺检验不合格。

（3）接头安装前应检查连接件产品合格证及套筒表面生产批号标识；产品合格证应包括适用钢筋直径和接头性能等级、套筒类型、生产单位、生产日期以及可追溯产品原材料力学性能和加工质量的生产批号。

（4）现场检验应按规定进行接头的抗拉强度试验，加工和安装质量检验；对接头有特殊要求的结构，应在设计图纸中另行注明相应的检验项目。

（5）接头的现场检验应按验收批进行。同一施工条件下采用同一批材料的同等级、同型式、同规格接头，应以 500 个为一个验收批进行检验与验收，不足 500 个也应作为一个验收批。

（6）螺纹接头安装后应按上述（5）的验收批，抽取其中 10% 的接头进行拧紧扭矩校核，拧紧扭矩值不合格数超过被校核接头数的 5% 时，应重新拧紧全部接头，直到合格为止。

（7）对接头的每一验收批，必须在工程结构中随机截取 3 个接头试件作抗拉强度试验，按设计要求的接头等级进行评定。当 3 个接头试件的抗拉强度均符合表 5-16 中相应等级的强度要求时，该验收批应评为合格。如有 1 个试件的抗拉强度不符合要求，应再取 6 个试件进行复检。复检中如仍有 1 个试件的抗拉强度不符合要求，则该验收批应评为不合格。

（8）现场检验连续 10 个验收批抽样试件抗拉强度试验一次合格率为 100％时，验收批接头数量可扩大 1 倍。

（9）现场截取抽样试件后，原接头位置的钢筋可采用同等规格的钢筋进行搭接连接，或采用焊接及机械连接方法补接。

（10）对抽检不合格的接头验收批，应由建设方会同设计等有关方面研究后提出处理方案。

六、接头的型式检验

（1）在下列情况应进行型式检验：

1）确定接头性能等级时；

2）型式检验报告超过 4 年时。

（2）用于形式检验的钢筋应符合有关钢筋标准的规定。

（3）对每种型式、级别、规格、材料、工艺的钢筋机械连接接头，型式检验试件不应少于 9 个。单向拉伸试件不应少于 3 个，高应力反复拉压试件不应少于 3 个，大变形反复拉压试件不应少于 3 个。同时应另取 3 根钢筋试件作抗拉强度试验。全部试件均应在同一根钢筋上截取。

（4）用于型式检验的直螺纹或锥螺纹接头试件应散件送达检验单位，由型式检验单位或在其监督下由接头技术提供单位按表 4-19 和表 4-20 规定的拧紧扭矩进行装配，拧紧扭矩值应记录在检验报告中，型式检验试件必须采用未经过预拉的试件。

（5）型式检验的试验方法。

1）型式检验试件的仪表布置和变形测量标距。

①单向拉伸和反复拉压试验时的变形测量仪表应在钢筋两侧对称布置（图 4-31），取钢筋两侧仪表读数的平均值计算残余变形值。

②变形测量标距：

$$L_1 = L + 4d$$

式中　L_1——变形测量标距；

　　　L——机械接头长度；

　　　d——钢筋公称直径。

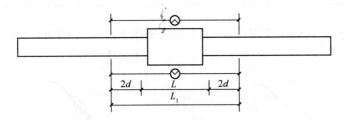

图 4-31　接头试件变形测量标距和仪表布置

2）型式检验试件最大力总伸长率 A_{sgt} 的测量方法应符合下列要求：

①试件加载前，应在其套筒两侧的钢筋表面（图 4-32）分别用细划线 A、B 和 C、D 标出测量标距为 L_{01} 的标记线，L_{01} 不应小于 100 mm，标距长度应用最小刻度值不大于 0.1 mm的量具测量。

②试件应按表 4-23 单向拉伸加载制度加载并卸载，再次测量 A、B 和 C、D 间标距长度

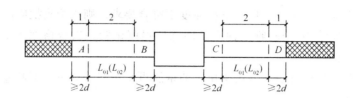

图 4-32　总伸长率 A_{sgt} 的测点布置

1—夹持区；2—测量区

为 L_{02}，并应按下式计算试件最大力总伸长率 A_{sgt}：

$$A_{sgt} = \left[\frac{L_{02} - L_{01}}{L_{01}} + \frac{f_{mst}^{O}}{E} \right] \times 100$$

式中　f_{mst}^{O}、E——分别是试件达到最大力时的钢筋应力和钢筋理论弹性模量；

　　　　L_{01}——加载前 A、B 或 C、D 间的实测长度；

　　　　L_{02}——加载后 A、B 或 C、D 间的实测长度。

应用上式计算时，当试件颈缩发生在套筒一侧的钢筋母材时，L_{01} 和 L_{02} 应取另一侧标记间加载前和卸载后的长度。当破坏发生在接头长度范围内时，L_{01} 和 L_{02} 应取套筒两侧各自读数的平均值。

表 4-23　接头试件型式检验的加载制度

试验项目		加载制度
单向拉伸		$0 \rightarrow 0.6f_{yk} \rightarrow 0$（测量残余变形）$\rightarrow$ 最大拉力（记录抗拉强度）$\rightarrow 0$（测定最大力总伸长率）
高应力反复拉压		$0 \rightarrow (0.9f_{yk} \rightarrow -0.5f_{yk}) \rightarrow$ 破坏（反复 20 次）
大变形反复拉压	Ⅰ级 Ⅱ级	$0 \rightarrow (2\varepsilon_{yk} \rightarrow -0.5f_{yk}) \rightarrow (5\varepsilon_{yk} \rightarrow -0.5f_{yk}) \rightarrow$ 破坏 （反复 4 次）　　　　（反复 4 次）
	Ⅲ级	$0 \rightarrow (2\varepsilon_{yk} \rightarrow -0.5f_{yk}) \rightarrow$ 破坏 （反复 4 次）

3）接头试件型式检验应按图 4-33 和图 4-34 和图 4-35 所示的加载制度进行试验。

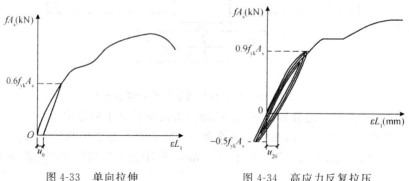

图 4-33　单向拉伸　　　　　　　　　　　　图 4-34　高应力反复拉压

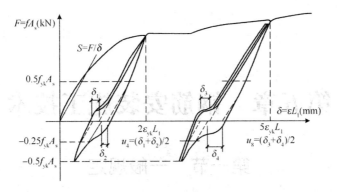

图 4-35　大变形反复拉压

注：1. S 线表示钢筋的拉、压刚度；F—钢筋所受的力，等于钢筋应力 f 与钢筋理论横截面面积 A_s 的乘积；δ—力作用下的钢筋变形，等于钢筋应变 ε 与变形测量标距 L_1 的乘积；A_s—钢筋理论横截面面积（mm^2）；L_1—变形测量标距（mm）。

2. δ_1 为 $2\varepsilon_{yk}L_1$ 反复加载四次后，在加载力为 $0.5f_{yk}A_s$ 及反向卸载为 $-0.25f_{yk}A_s$ 处作 S 的平行线与横坐标交点之间的距离所代表的变形值。

3. δ_2 为 $2\varepsilon_{yk}L_1$ 反复加载四次后，在加载力为 $0.5f_{yk}A_s$ 及反向卸载为 $-0.25f_{yk}A_s$ 处作 S 的平行线与横坐标交点之间的距离所代表的变形值。

4. δ_3、δ_4 为在 $5\varepsilon_{yk}L_1$ 反复加载四次后，按与 δ_1、δ_2 相同方法所得的变形值。

4）测量接头试件的残余变形时加载时的应力速率宜采用 2 N/（$mm^2 \cdot s^{-1}$），最高不超过 10 N/（$mm^2 \cdot s^{-1}$）；测量接头试件的最大力总伸长率或抗拉强度时，试验机夹头的分离速率宜采用 $0.05\,L_c/min$，L_c 为试验机夹头间的距离。

（6）接头试件现场抽检试验方法。

1）现场工艺检验接头残余变形的仪表布置、测量标距和加载速度应符合《钢筋机械连接技术规程》（JGJ 107—2010）的要求。现场工艺检验中，按《钢筋机械连接技术规程》（JGJ 107—2010）中加载制度进行接头残余变形检验时，可采用不大于 $0.012A_sf_{yk}$ 的拉力作为名义上的零荷载。

2）施工现场随机抽检接头试件的抗拉强度试验应采用零到破坏的一次加载制度。

（7）当试验结果符合下列规定时评为合格。

1）强度检验。每个接头试件的强度实测值均应符合表 4-18 中相应接头等级的强度要求；

2）变形检验。对残余变形和最大力总伸长率，3 个试件实测值的平均值应符合表 4-19 的规定。

（8）型式检验应由国家、省部级主管部门认可的检测机构进行，并应按《钢筋机械连接技术规程》（JGJ 107—2010）中附录 B 的格式出具检验报告和评定结论。

第五章　钢筋安装施工技术

第一节　一般规定

一、混凝土保护层

（1）构件中普通钢筋及预应力筋的混凝土保护层厚度应满足下列要求。

1）构件中受力钢筋的保护层厚度不应小于钢筋的公称直径 d；

2）设计使用年限为 50 年的混凝土结构，最外层钢筋的保护层厚度应符合表 5-1 的规定；设计使用年限为 100 年的混凝土结构，最外层钢筋的保护层厚度不应小于表 5-1 中数值的 1.4 倍。

表 5-1　混凝土保护层的最小厚度 C　　　　　　　　　　（单位：mm）

环境类别	板、墙、壳	梁、柱、杆
一	15	20
二 a	20	25
二 b	25	35
三 a	30	40
三 b	40	50

注：1. 混凝土强度等级不大于 C25 时，表中保护层厚度数值应增加 5 mm。

　　2. 钢筋混凝土基础宜设置混凝土垫层，基础中钢筋的混凝土保护层厚度应从垫层顶面算起，且不应小于 40 mm。

二、钢筋的现场绑扎安装

（1）钢筋绑扎应熟悉施工图样，核对成品钢筋的级别、直径、形状、尺寸和数量，核对配料表和料牌，如有出入，应予纠正或增补，同时准备好绑扎用钢丝、绑扎工具、绑扎架等。

（2）对形状复杂的结构部位，应研究好钢筋穿插就位的顺序及与模板等其他专业的配合先后次序。

（3）基础底板、楼板和墙的钢筋网绑扎，除靠近外围两行钢筋的相交点全部绑扎外，中间部分交叉点可间隔交错扎牢；双向受力的钢筋则需全部扎牢。相邻绑扎点的钢丝扣要成八字形，以免网片歪斜变形。钢筋绑扎接头的钢筋搭接处，应在中心和两端用钢丝扎牢。

（4）结构采用双排钢筋网时，上下两排钢筋网之间应设置钢筋撑脚或混凝土支柱（墩），每隔 1 m 放置一个，墙壁钢筋网之间应绑扎由直径为 6～10 mm 钢筋制成的撑钩，间距约为 1.0 m，相互错开排列；大型基础底板或设备基础，应用由直径为 16～25 mm 钢筋或型钢焊成的支架来支承上层钢筋，支架间距为 0.8～1.5 m；梁、板纵向受力钢筋采取双层排列时，两排钢筋之间应垫以直径 25 mm 以上短钢筋，以保证间距正确。

（5）梁、柱箍筋应与受力筋垂直设置，箍筋弯钩叠合处应沿受力钢筋方向张开设置，箍筋转角与受力钢筋的交叉点均应扎牢；箍筋平直部分与纵向交叉点可间隔扎牢，以防止骨架歪斜。

（6）板、次梁与主筋交叉处，板的钢筋在上，次梁的钢筋居中，主梁的钢筋在下；当有圈梁或垫梁时，主梁的钢筋应放在圈梁上。受力筋两端的搁置长度应保持均匀一致。框架梁牛腿及柱帽等钢筋，应放在柱的纵向受力钢筋内侧，同时要注意梁顶面受力筋间的净距要有 30 mm，以利浇筑混凝土。

（7）预制柱、梁、屋架等构件常采取在底模上就地绑扎，应先排好箍筋，再穿入受力筋，然后绑扎牛腿和节点部位钢筋，以减少绑扎困难和复杂性。

三、绑扎钢筋网与钢筋骨架安装

（1）钢筋网与钢筋骨架的分段（块），应根据结构配筋特点及起重运输能力而定。一般钢筋网的分块面积以 6～20 m² 为宜，钢筋骨架的分段长度以 6～12 m 为宜。

（2）为防止运输和安装过程中发生歪斜变形，钢筋网与钢筋骨架应采取临时加固措施，图 5-1 所示是绑扎钢筋网的临时加固情况。

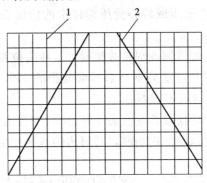

图 5-1　绑扎钢筋网的临时加固

1—钢筋网；2—加固钢筋

（3）钢筋网与钢筋骨架的吊点，应根据其尺寸、重量及刚度而定。宽度大于 1 m 的水平钢筋网宜采用四点起吊，跨度小于 6 m 的钢筋骨架宜采用两点起吊，如图 5-2（a）所示。跨度大、刚度差的钢筋骨架宜采用横吊梁（铁扁担）四点起吊，如图 5-2（b）所示。为了防止吊点处钢筋受力变形，可采取兜底吊或加短钢筋。

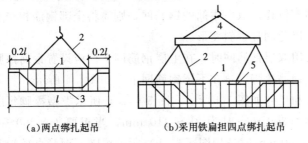

(a)两点绑扎起吊　　(b)采用铁扁担四点绑扎起吊

图 5-2　钢筋绑扎骨架起吊

1—钢筋骨架；2—吊索；3—兜底索；4—铁扁担；5—短钢筋

（4）焊接网和焊接骨架沿受力钢筋方向的搭接接头，宜位于构件受力较小的部位，如承受均布荷载的简支受弯构件，焊接网受力钢筋接头宜放置在跨度两端各四分之一跨长范围内。

(5) 受力钢筋直径≥16 mm 时，焊接网沿分布钢筋方向的接头宜辅以附加钢筋网，如图 5-3 所示，其每边的搭接长度 $l_d=15d$（d 为分布钢筋直径），但不小于 100 mm。

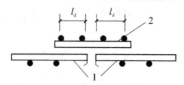

图 5-3　接头附加钢筋网
1—基本钢筋网；2—附加钢筋网

四、焊接钢筋骨架和焊接网安装

(1) 焊接骨架和焊接网的搭接接头，不宜位于构件中间和最大弯矩处，焊接网在非受力方向的搭接长度宜为 100 mm；受拉焊接骨架和焊接网在受力钢筋方向的搭接长度应符合设计规定；受压焊接骨架和焊接网在受力钢筋方向的搭接长度，可取受拉焊接骨架和焊接网在受力钢筋方向的搭接长度的 70%。

(2) 在梁中，焊接骨架的搭接长度内应配置箍筋或短的槽形焊接网。箍筋或网中的横向钢筋间距不得大于 5d。在轴心受压或偏心受压构件中的搭接长度内，箍筋或横向钢筋的间距不得大于 10d。

(3) 在构件宽度内有若干焊接网或焊接骨架时，其接头位置应错开。在同一截面内搭接的受力钢筋的总截面面积不得超过受力钢筋总截面面积的 50%；在轴心受拉及小偏心受拉构件（板和墙除外）中，不得采用搭接接头。

(4) 焊接网在非受力方向的搭接长度宜为 100 mm。当受力钢筋直径≥16 mm 时，焊接网沿分布钢筋方向的接头宜辅以附加钢筋网，其每边的搭接长度为 15d。

第二节　钢筋的现场绑扎

一、基础钢筋绑扎

(1) 将基础垫层清扫干净，用石笔和墨斗在上面弹放钢筋位置线。

(2) 按钢筋位置线布放基础钢筋。

(3) 绑扎钢筋。四周两行钢筋交叉点应每点绑扎牢。中间部分交叉点可相隔交错扎牢，但必须保证受力钢筋不位移。双向主筋的钢筋网，则需将全部钢筋相交点扎牢。相邻绑扎点的钢丝扣成八字形，以免网片歪斜变形。

(4) 基础底板采用双层钢筋网时，在上层钢筋网下面应设置钢筋撑脚或混凝土撑脚，以保证钢筋位置正确，钢筋撑脚应垫在下层钢筋网上，如图 5-4 所示。

钢筋撑脚的形式和尺寸如图 5-4 所示。图 5-4（a）所示类型撑脚每隔 1 m 放置 1 个。其直径选用，当板厚 $h\leqslant300$ mm 时为 $\phi8\sim\phi10$ mm，当板厚 $h=300\sim500$ mm 时为 $\phi12\sim\phi14$ mm，当板厚 $h>500$ mm 时选用图 5-4（b）所示撑脚，钢筋直径为 16~18 mm。钢筋撑脚沿短向通长布置，间距以能保证钢筋位置为准。

(5) 现浇柱与基础连接用的插筋，其箍筋应比柱的箍筋缩小一个柱筋直径，以便连接。插筋位置一定要固定牢靠，以免造成柱轴线偏移。

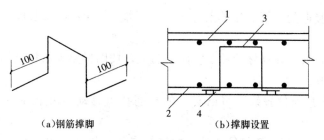

（a）钢筋撑脚 （b）撑脚设置

图 5-4 钢筋撑脚

1—上层钢筋网；2—下层钢筋网；3—撑脚；4—水泥垫块

（6）对厚片筏上部钢筋网片，可采用钢管临时支撑体系。图 5-5（a）为绑扎上部钢筋网片用的钢管支撑。在上部钢筋网片绑扎完毕后，需置换出水平钢管，为此，另取一些垂直钢管通过直角扣件与上部钢筋网片的下层钢筋连接起来（该处需另用短钢筋段加强），替换原支撑体系，如图 5-5（b）所示。在混凝土浇筑过程中，逐步抽出垂直钢管，如图5-5（c）所示。此时，上部荷载可由附近的钢管及上、下端均与钢筋网焊接的多个拉结筋来承受。由于混凝土不断浇筑与凝固，拉结筋细长比减少，因而提高了承载力。

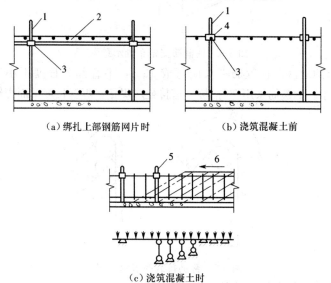

（a）绑扎上部钢筋网片时 （b）浇筑混凝土前

（c）浇筑混凝土时

图 5-5 厚片筏上部钢筋网片的钢管临时支撑

1—垂直钢管；2—水平钢管；3—直角扣件；4—下层水平钢筋

5—待拔钢管；6—混凝土浇筑方向

（7）钢筋的弯钩应朝上，不要倒向一边；双层钢筋网的上层钢筋弯钩应朝下。

（8）独立柱基础为双向弯曲，其底面的短向钢筋应放在长向钢筋的上面。

（9）基础中纵向受力钢筋的混凝土保护层厚度不应小于 40 mm，当无垫层时不应小于 70 mm。

二、柱子钢筋绑扎

（1）套柱箍筋。按图样要求间距，计算好每根柱箍筋数量，先将箍筋套在下层伸出的搭接筋上，然后立柱子钢筋，在搭接长度内，绑扣不少于 3 个，绑扣要向柱中心。如果柱子主筋采用光圆钢筋搭接时，角部弯钩应与模板成 45°，中间钢筋的弯钩应与模板成 90°角。

（2）搭接绑扎竖向受力筋。柱子主筋立起后，绑扎接头的搭接长度、接头面积百分率应符合设计要求。

（3）画箍筋间距线。在立好的柱子竖向钢筋上，按图样要求用粉笔划箍筋间距线。

（4）柱箍筋绑扎。

1）按已画好的箍筋位置线，将已套好的箍筋往上移动，由上往下绑扎，宜采用缠扣绑扎。

2）箍筋与主筋要垂直，箍筋转角处与主筋交点均要绑扎，主筋与箍筋非转角部分的相交点成梅花交错绑扎。

3）箍筋的弯钩叠合处应沿柱子竖筋交错布置，并绑扎牢固，如图 5-6 所示。

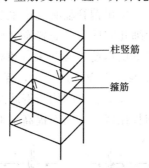

图 5-6　柱箍筋交错布置示意图

4）有抗震要求的地区，柱箍筋端头应弯成 135°，平直部分长度不小于 10d（d 为箍筋直径），如图 5-7 所示。如箍筋采用 90°搭接，搭接处应焊接，焊缝长度单面焊缝不小于 10d。

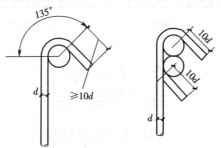

图 5-7　箍筋抗震要求示意图

5）柱基、柱顶、梁柱交接处箍筋间距应按设计要求加密。柱上下两端箍筋应加密，加密区长度及加密区内箍筋间距应符合设计图样要求。如设计要求箍筋设拉筋时，拉筋应钩住箍筋，如图 5-8 所示。

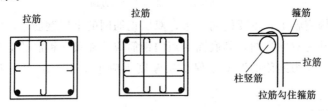

图 5-8　拉筋布置示意图

6）柱筋保护层厚度应符合规范要求，主筋外皮为 25 mm，垫块应绑在柱竖筋外皮上，间距一般为 1 000 mm，（或用塑料卡卡在外竖筋上）以保证主筋保护层厚度准确。当柱截面尺寸有变化时，柱应在板内弯折，弯后的尺寸要符合设计要求。

腰筋与拉筋的介绍

腰筋的作用是防止梁太高时，由于混凝土收缩和温度变形而产生的竖向裂缝，同时亦可加强钢筋骨架的刚度。腰筋用拉筋联系，如图 5-9 所示。

当梁的截面高度超过 700 mm 时，为了保证受力钢筋与箍筋整体骨架的稳定，以及承受构件中部混凝土收缩或温度变化所产生的拉力，在梁的两侧面沿高度每隔 300～400 mm 设置一根直径不小于 10 mm 的纵向构造钢筋，称为腰筋。腰筋要用拉筋联系，拉筋直径采用 6～8 mm。

由于安装钢筋混凝土构件的需要，在预制构件中，根据构件体形和质量，在一定位置设置有吊环钢筋。在构件和墙体连接处，部分还预埋有锚固筋等。

腰筋、拉筋、吊环钢筋在钢筋骨架中的位置如图 5-10 所示。

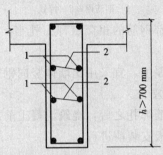

图 5-9　腰筋与拉筋布置
1—腰筋；2—拉筋

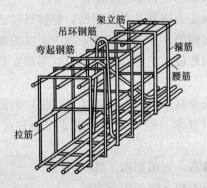

图 5-10　腰筋、拉筋、吊环钢筋在钢筋骨架中的位置

三、墙钢筋现场绑扎

（1）将预留钢筋调直理顺，并将表面砂浆等杂物清理干净。先立 2～4 根纵向筋，并画好横筋分档标志，然后于下部及齐胸处绑两根定位水平筋，并在横筋上划好分档标志，然后绑其余纵向筋，最后绑其余横筋。如墙中有暗梁、暗柱时，应先绑暗梁、暗柱再绑周围横筋。

（2）墙的纵向钢筋每段钢筋长度不宜超过 4 m（钢筋直径≤12 mm）或 6 m（钢筋直径＞12 mm），水平段每段长度不宜超过 8 m，以利绑扎。

（3）墙的钢筋网绑扎与基础相同，钢筋的弯钩应朝向混凝土内。

（4）采用双层钢筋网时，在两层钢筋间应设置撑铁，以固定钢筋间距。撑铁可用直径6～10 mm 的钢筋制成，长度等于两层网片的净距，如图 5-11 所示，间距约为 1 m，相互错开排列。

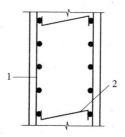

图 5-11　墙钢筋的撑铁

1—钢筋网；2—撑铁

（5）墙的钢筋网绑扎时，全部钢筋的相交点都要扎牢，相邻绑扎点的钢丝扣成八字形，以免网片歪斜变形。

（6）为控制墙体钢筋保护层厚度，宜采用比墙体竖向钢筋大一型号的钢筋梯子凳，在原位替代墙体钢筋，间距1 500 mm左右。

（7）墙的钢筋，可在基础钢筋绑扎之后，浇筑混凝土前插入基础内。

（8）墙钢筋的绑扎也应在模板安装前进行。

四、梁钢筋绑扎

（1）核对图样，严格按施工方案组织绑扎工作。

（2）在梁侧模板上画出箍筋间距，摆放箍筋。

（3）先穿主梁的下部纵向受力钢筋及弯起钢筋，将箍筋按已画好的间距逐个分开；穿次梁的下部纵向受力钢筋及弯起钢筋，并套好箍筋；放主次梁的架立筋；隔一定间距将架立筋与箍筋绑扎牢固；调整箍筋间距使间距符合设计要求，绑架立筋，再绑主筋，主次梁同时配合进行。

（4）框架梁上部纵向钢筋应贯穿中间节点，梁下部纵向钢筋伸入中间节点的锚固长度及伸过中心线的长度要符合设计要求。框架梁纵向钢筋在端节点内的锚固长度也要符合设计要求。

（5）绑梁上部纵向筋的箍筋，宜用套扣法绑扎。

（6）梁钢筋的绑扎与模板安装之间的配合关系。

1）梁的高度较小时，梁的钢筋架空在梁顶上绑扎，然后再落位。

2）梁的高度较大（≥1.0 m）时，梁的钢筋宜在梁底模上绑扎，其两侧模或一侧模后装。

（7）梁板钢筋绑扎时应防止水电管线将钢筋抬起或压下。

（8）板、次梁与主梁交叉处，板的钢筋在上，次梁的钢筋居中，主梁的钢筋在下，如图5-12 所示；当有圈梁或垫梁时，主梁的钢筋在上，如图 5-13 所示。

（9）框架节点处钢筋穿插十分稠密时，应特别注意梁顶面主筋间的净距要有 30 mm，以利浇筑混凝土。

（10）箍筋在叠合处的弯钩，在梁中应交错绑扎，箍筋弯钩为135°，平直部分长度为10d，如做成封闭箍时，单面焊缝长度为5d（d 为钢筋直径）。

（11）梁端第一个箍筋应设置在距离柱节点边缘 50 mm 处。梁端与柱交接处箍筋应加密，其间距与加密区长度均要符合设计要求。

（12）在主、次梁受力筋下均应垫垫块（或塑料卡），保证保护层的厚度。受力筋为双排时，可用短钢筋垫在两层钢筋之间，钢筋排距应符合设计要求。

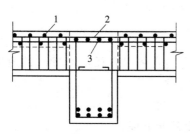

图 5-12 板、次梁与主梁交叉处钢筋的放置
1—板的钢筋；2—次梁钢筋；3—主梁钢筋

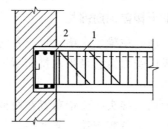

图 5-13 主梁与垫梁交叉处钢筋的放置
1—主梁钢筋；2—垫梁钢筋

六、板钢筋绑扎

（1）清理模板上面的杂物，用粉笔在模板上画好主筋、分布筋间距。

（2）按画好的间距，先摆放受力主筋，后放分布筋。预埋件、电线管、预留孔等要及时配合安装。

（3）在现浇板中有板带梁时，应先绑板带梁钢筋，再摆放板钢筋。

（4）绑扎板钢筋时一般用顺扣或八字扣，除外围两根钢筋的相交点应全部绑扎外，其余各点可交错绑扎（双向板相交点需全部绑扎）。如板为双层钢筋，两层钢筋之间须加钢筋撑脚（图 5-14），以确保上部钢筋的位置。负弯矩钢筋每个相交点均要绑扎。

（5）在钢筋的下面垫好砂浆垫块，间距 1.5 m。垫块的厚度等于保护层厚度，应满足设计要求，如设计无要求时，板的保护层厚度应为 15 mm。钢筋搭接长度与搭接位置的要求与前面所述梁相同。

七、现浇悬挑雨棚钢筋绑扎

雨棚板为悬挑式构件，其板的上部受拉、下部受压。所以，雨棚板的受力筋配置在构件断面的上部，并将受力筋伸进雨棚梁内，如图 5-14 所示。其绑扎注意事项如下。

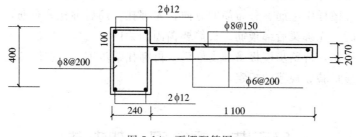

图 5-14 雨棚配筋图

（1）主、负筋位置应摆放正确，不可放错。

（2）雨棚梁与板的钢筋应保证锚固尺寸。

（3）雨棚钢筋骨架在模内绑扎时，严禁脚踩在钢筋骨架上进行绑扎。

（4）钢筋的弯钩应全部向内。

（5）雨棚板的上部受拉，故受力筋在上，分布筋在下，切勿颠倒。

（6）雨棚板双向钢筋的交叉点均应绑扎，钢丝方向成八字形。

（7）应垫放足够数量的钢筋撑脚，确保钢筋位置准确。

（8）高处作业时要注意安全。

八、肋形楼盖钢筋绑扎

（1）处理好主梁、次梁、板三者的关系。

（2）纵向受力钢筋采用双排布置时，两排钢筋之间宜垫以直径≥25 mm 的短钢筋，以保持其间距。

（3）箍筋的接头应交错布置在两根架立钢筋上。

（4）板上的负弯矩筋，要严格控制其位置，防止被踩下移。

（5）板、次梁与主梁的交叉处，板的钢筋在上，次梁的钢筋居中，主梁的钢筋在下，如图 5-12 所示。当有圈梁或垫梁与主梁连接时，主梁的钢筋在上，如图 5-13 所示。

九、楼梯钢筋绑扎

楼梯钢筋骨架一般是在底模板支设后进行绑扎，如图5-15所示。

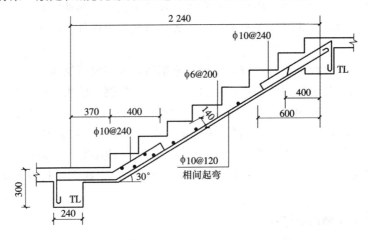

图 5-15　现浇钢筋混凝土楼梯配筋图

（1）在楼梯底板上划主筋和分布筋的位置线。

（2）钢筋的弯钩应全部向内，不准踩在钢筋骨架上进行绑扎。

（3）根据设计图样中主筋、分布筋的方向，先绑扎主筋后绑扎分布筋，每个交点均应绑扎。如有楼梯梁时，先绑梁后绑板筋。板筋要锚固到梁内。

（4）底板筋绑完，待踏步模板吊绑支好后，再绑扎踏步钢筋。主筋接头数量和位置均要符合设计和施工质量验收规范的规定。

第三节　钢筋网、架安装

一、钢筋网、架绑扎安装

（1）单片或单个的预制钢筋网、架的安装比较简单，只要在钢筋入模后，按规定的保护层厚度垫好垫块，即可进行下一道工序。但当多片或多个预制的钢筋网、架（尤其是多个钢筋骨架）在一起组合使用时，则要注意节点相交处的交错和搭接。

（2）钢筋网与钢筋骨架应分段（块）安装，其分段（块）的大小、长度应按结构配筋、施工条件、起重运输能力来确定。一般钢筋网的分块面积为 $6\sim20$ m²，钢筋骨架的分段长度为 $6\sim12$ m。

（3）不允许变形，在运输和安装过程中，要采取临时加固措施，如图 5-16 所示。

（4）确定好节点和吊装方法。吊装节点应根据大小、形状、重量及刚度而定。由施工员确定起吊节点。宽度大于 1 m 的水平钢筋网宜采用 4 点起吊；跨度小于 6 m 的钢筋骨架宜采用 2 点起吊。跨度大、刚度差的钢筋骨架宜采用横吊梁（铁扁担）4 点起吊。

为保证吊运钢筋骨架时吊点处钩挂的钢筋不变形，在钢筋骨架内挂吊钩处可设置短钢筋，将吊钩挂在短钢筋上，这样可以不用兜吊，既有效地防止了骨架变形，又防止了骨架中局部钢筋的变形，如图 5-17 所示。

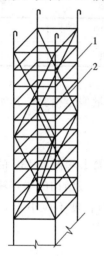

图 5-16　绑扎骨架的临时加固
1—钢筋骨架；2—加固筋

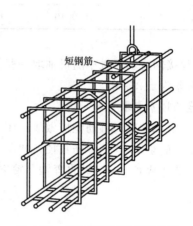

图 5-17　加短钢筋起吊钢筋骨架

另外，在搬运大钢筋骨架时，还要根据骨架的刚度情况，决定骨架在运输中的临时加固措施。如截面高度较大的骨架，为防止其歪斜，可用细钢筋进行拉结；柱骨架一般刚度比较小，故除采用上述方法外，还可以用细竹竿、杉杆等临时绑扎加固。

二、钢筋焊接网、架安装

（1）钢筋焊接网的质量检验。

1）钢筋焊接网应按批验收，每批应由同一厂家、同一原材料来源、同一生产设备并在同一连续时段内生产的、受力主筋为同一直径的焊接网组成，重量不应大于 30 t。

2）每批焊接网应抽取 5%（不小于 3 片）的网片，并按以下规定进行外观质量和几何尺寸的检验。

①钢筋焊接网交叉点开焊数量不应超过整张网片交叉点总数的 1%，并且任一根钢筋上开焊点数不得超过该根钢筋上交叉点总数的 50%。焊接网最外边钢筋上的交叉点不得开焊。

②焊接网表面不得有影响使用的缺陷，可允许有毛刺、表面浮锈以及因取样产生的钢筋局部空缺，但空缺必须用相应的钢筋补上。

③焊接网几何尺寸的允许偏差应符合表 5-2 的规定，且在一张网片中纵、横向钢筋的数

量应符合设计要求。

表 5-2　焊接网几何尺寸的允许偏差

项目	允许偏差
网片的长度、宽度（mm）	±25
网格的长度、宽度（mm）	±10
对角线差（％）	±1

注：1. 当需方有要求时，经供需双方协商，焊接网片长度和宽度的允许偏差可取±10 mm。

　　2. 表中对角线差是指网片最外边两个对角焊点连线之差。

④冷拔光面钢筋焊接网中，钢筋直径的允许偏差应符合表 5-3 的规定。

表 5-3　冷拔光面钢筋直径的允许偏差　　　　　（单位：mm）

钢筋公称直径 d	≤5	5<d<10	≥10
允许偏差	±0.10	±0.15	±0.20

3）对钢筋焊接网应从每批中随机抽取一张网片，进行重量偏差检验，其实际重量与理论重量的允许偏差为±4.5％。

（2）箍筋笼的技术要求。

1）对有抗震要求的梁，箍筋笼应做成封闭式，并应在箍筋末端做成 135°的弯钩，弯钩末端平直段长度不应小于 10 倍箍筋直径，如图 5-18 所示；对一般结构的梁，箍筋笼应做成封闭式，应在角部弯成稍大于 90°的弯钩，箍筋末端平直段的长度不应小于 5 倍箍筋直径（图 5-19）。

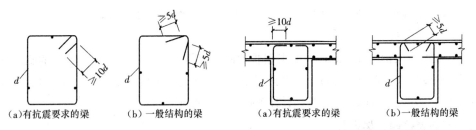

图 5-18　封闭式箍筋笼　　　　　　　图 5-19　"U"形开口箍筋笼

2）对整体现浇梁板结构中的梁（边梁除外），当采用"U"形开口箍筋笼时，箍筋应尽量靠近构件周边位置，开口箍的顶部应布置连续的焊接网片。带肋钢筋箍筋笼可采用图5-19 的形式。

3）钢筋焊接网应采用 CRB550 冷轧带肋钢筋和符合规定的热轧带肋钢筋。采用热轧带肋钢筋时，宜采用无纵肋的热轧钢筋。

钢筋焊接网应采用公称直径 5～18 mm 的钢筋。经供需双方协议，也可采用其他公称直径的钢筋。

钢筋焊接网两个方向均为单根钢筋时，较细钢筋的公称直径不小于较粗钢筋的公称直径的 0.6 倍。

当纵向钢筋采用并筋时，纵向钢筋的公称直径不小于横向钢筋公称直径的 0.7 倍，也不大于横向钢筋公称直径的 1.25 倍。

按供需双方协议可供应直径比超出上述规定的钢筋焊接网。

4）定型钢筋焊接网在两个方向上的钢筋牌号、直径、长度和间距可以不同，但同一方向上应采用同一牌号和直径的钢筋并具有相同的长度和间距。

定型钢筋焊接网型号见表 5-4。

定型钢筋焊接网应按下列内容次序标记：

焊接网型号—长度方向钢筋牌号×宽度方向钢筋牌号—网片长度（mm）×（网片宽度）（mm）

例如：A10－CRB550×CRB550－4 800 mm×2 400 mm。

表 5-4 定型钢筋焊接网的型号

钢筋焊接网型号	纵向钢筋			横向钢筋			重量（kg/m²）
	公称直径（mm）	间距（mm）	每延米面积（mm²/m）	公称直径（mm）	间距（mm）	每延米面积（mm²/m）	
A18	18		1 273	12		566	14.43
A16	16		1 006	12		566	12.34
A14	14		770	12		566	10.49
A12	12		566	12		566	8.88
A11	11		475	11		475	7.46
A10	10	200	393	10	200	393	6.16
A9	9		318	9		318	4.99
A8	8		252	8		252	3.95
A7	7		193	7		193	3.02
A6	6		142	6		142	2.22
A5	5		98	5		98	1.54
B18	18		2 545	12		566	24.42
B16	16		2 011	10		393	18.89
B14	14		1 539	10		393	15.19
B12	12		1 131	8		252	10.90
B11	11		950	8		252	9.43
B10	10	100	785	8	200	252	8.14
B9	9		635	8		252	6.97
B8	8		503	8		252	5.93
B7	7		385	7		193	4.53
B6	6		283	7		193	3.73
B5	5		196	7		193	3.05

钢筋焊接网型号	纵向钢筋			横向钢筋			重量（kg/m²）
	公称直径（mm）	间距（mm）	每延米面积（mm²/m）	公称直径（mm）	间距（mm）	每延米面积（mm²/m）	
C18	18	150	1 697	12	200	566	17.77
C16	16		1 341	12		566	14.98
C14	14		1 027	12		566	12.51
C12	12		754	12		566	10.36
C11	11		634	11		475	8.70
C10	10		523	10		393	7.19
C9	9		423	9		318	5.82
C8	8		335	8		252	4.61
C7	7		257	7		193	3.53
C6	6		189	6		142	2.60
C5	5		131	5		98	1.80
D18	18	100	2 545	12	100	1 131	28.86
D16	16		2 011	12		1 131	24.68
D14	14		1 539	12		1 131	20.98
D12	12		1 131	12		1 131	17.75
D11	11		950	11		950	14.92
D10	10		785	10		785	12.33
D9	9		635	9		635	9.98
D8	8		503	8		503	7.90
D7	7		385	7		385	6.04
D6	6		283	6		283	4.44
D5	5		196	5		196	3.08
E18	18	150	1 697	12	150	1 131	19.25
E16	16		1 341	12		754	16.46
E14	14		1 027	12		754	13.99
E12	12		754	12		754	11.84
E11	11		634	11		634	9.95
E10	10		523	10		523	8.22
E9	9		423	9		423	6.66
E8	8		335	8		335	5.26
E7	7		257	7		257	4.03
E6	6		189	6		189	2.96
E5	5		131	5		131	2.05

续上表

钢筋焊接网型号	纵向钢筋			横向钢筋			重量 (kg/m²)
	公称直径 (mm)	间距 (mm)	每延米面积 (mm²/m)	公称直径 (mm)	间距 (mm)	每延米面积 (mm²/m)	
F18	18		2 545	12		754	25.90
F16	16		2 011	12		754	21.70
F14	14		1 539	12		754	18.00
F12	12		1 131	12		754	14.80
F11	11		950	11		634	12.43
F10	10	100	785	10	150	523	10.28
F9	9		635	9		423	8.32
F8	8		503	8		335	6.58
F7	7		385	7		257	5.03
F6	6		283	6		189	3.70
F5	5		196	5		131	2.57

5）钢筋焊接网的规格宜符合下列规定。

①钢筋直径：冷轧带肋钢筋或冷拔光面钢筋为 4～12 mm，冷加工钢筋直径在 4～12 mm 范围内可采用 0.5 mm 进级，受力钢筋宜采用 5～12 mm；热轧带肋钢筋宜采用 6～16 mm。

②焊接网长度不宜超过 12 m，宽度不宜超过 3.3 m。

③焊接网制作方向的钢筋间距宜为 100 mm、150 mm、200 mm；与制作方向垂直的钢筋间距宜为 100～400 mm，且宜为 10 mm 的整倍数。焊接网的纵向、横向钢筋可以采用不同种类的钢筋。当双向板底网（或面网）采用双层配筋时，非受力钢筋的间距不宜大于 1 000 mm。

6）焊接网钢筋的强度标准值应具有不小于 95％的保证率。

冷轧带肋钢筋及冷拔光面钢筋的强度标准值是根据极限抗拉强度确定的，用 f_{stk} 表示。热轧带肋钢筋的强度标准值是根据屈服强度确定的，用 f_{stk} 表示。

冷轧带肋钢筋的介绍

冷轧带肋钢筋是热轧圆盘条经冷轧或冷拔减径后在其表面冷轧成三面或二面有肋的钢筋。它的生产和使用应符合《冷轧带肋钢筋》（GB 13788－2008）和《冷轧带肋钢筋混凝土结构技术规程》（JGJ 95－2011）的规定。冷轧带肋钢筋按抗拉强度分为：CRB550、CRB650、CRB800、CRB970、CRB1170 四个牌号。CRB550 为普通钢筋混凝土用钢筋，其他牌号为预应力混凝土用钢筋。

冷轧带肋钢筋的公称直径范围为 4～12 mm，推荐钢筋公称直径为 5 mm、6 mm、7 mm、8 mm、9 mm、10 mm。

CRB550 级钢筋宜用作钢筋混凝土结构构件中的受力主筋、架立筋、箍筋和构造钢筋；CRB650 级和 CRB800 级钢筋宜用作中小型预应力混凝土结构构件中的受力主筋。

（3）钢筋焊接网的搭接方法。

1）叠搭法。一张网片叠在另一张网片上的搭接方法，如图 5-20 所示。

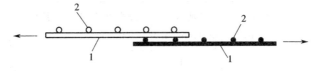

图 5-20　叠搭法

1—纵向钢筋；2—横向钢筋

2）平搭法。一张网片的钢筋镶入另一张网片，使两张网片的纵向和横向钢筋各自在同一平面内的搭接方法，如图 5-21 所示。

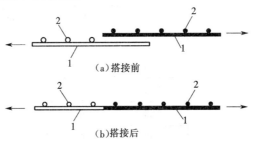

（a）搭接前

（b）搭接后

图 5-21　平搭法

1—纵向钢筋；2—横向钢筋

3）扣搭法。一张网片扣在另一张网片上，使横向钢筋在一个平面内、纵向钢筋在两个不同平面内的搭接方法，如图5-22所示。

图 5-22　扣搭法

1—纵向钢筋；2—横向钢筋

（4）钢筋焊接网的安装要求。

1）钢筋焊接网运输时应捆扎整齐、牢固，每捆重量不宜超过 2 t，必要时应加刚性支撑或支架。

2）进场的钢筋焊接网宜按施工要求堆放，并应有明显的标志。

3）附加钢筋宜在现场绑扎，并应符合现行国家标准《混凝土结构工程施工质量验收规范》（GB 50204—2002）的有关规定。

4）两端须插入梁内锚固的焊接网，当网片纵向钢筋较细时，可利用网片的弯曲变形性能，先将焊接网中部向上弯曲，使两端能先后插入梁内，然后铺平网片；当钢筋较粗焊接网不能弯曲时，可将焊接网的一端少焊 1～2 根横向钢筋，先插入该端，然后退插另一端，必要时可采用绑扎方法补回所减少的横向钢筋。

5）钢筋焊接网安装时，下部网片应设置与保护层厚度相当的塑料卡或水泥砂浆垫块；板的上部网片应在接近短向钢筋两端，沿长向钢筋方向每隔 600～900 mm 设一钢筋支墩，如图 5-23 所示。

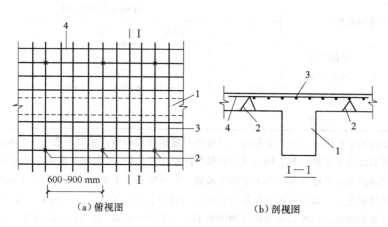

图 5-23　上部钢筋焊接网的支墩

1—梁；2—支墩；3—短向钢筋；4—长向钢筋

6）板、墙、壳类构件纵向受力钢筋的混凝土保护层厚度（从钢筋外边缘算起）不应小于钢筋的公称直径，且应符合表 5-5 的规定。

表 5-5　纵向受力钢筋的混凝土保护层最小厚度

环境类别		混凝土强度等级		
		C20	C25～C45	≥C50
一类（mm）		20	15	15
二类（mm）	a	—	20	20
	b	—	25	20
三类（mm）		—	30	25

注：1. 处于一类环境且由工厂生产的预制构件，当混凝土强度等级不低于 C20 时，其保护层厚度可按表中规定减少 5 mm，但不应小于 15 mm；处于二类环境且由工厂生产的预制构件，当表面采取有效保护措施时，保护层厚度可按表中一类环境数值取用。

2. 构造钢筋的保护层厚度不应小于本表中相应数值减 10 mm，且不应小于 10 mm；梁、柱中箍筋、构造钢筋和箍筋笼的保护层厚度不应小于 15 mm。

3. 基础中纵向受力钢筋的保护层厚度不应小于 40 mm；当无垫层时不应小于 70 mm。

4. 有防火要求的建筑物，其保护层厚度还应符合国家现行有关防火规范的规定。

7）在锚固长度内无横向钢筋时，钢筋的最小锚固长度 l_a 应符合表 5-6 的规定。

表 5-6　纵向受拉带肋钢筋焊接网最小锚固长度 l_a

钢筋焊接网类型		混凝土强度等级				
		C20	C25	C30	C35	≥C40
CRB550 级钢筋焊接网	锚固长度内无横筋	40d	35d	30d	28d	25d
	锚固长度内有横筋	30d	26d	23d	21d	20d

钢筋焊接网类型		混凝土强度等级				
		C20	C25	C30	C35	≥C40
HRB400 级钢筋焊接网	锚固长度内无横筋	45d	40d	35d	32d	30d
	锚固长度内有横筋	35d	31d	28d	25d	23d

注：1. 当焊接网中的纵向钢筋为并筋时，其锚固长度应按表中数值乘以系数 1.4 后取用。

2. 当锚固区内无横筋、焊接网的纵向钢筋净距不小于 5d 且纵向钢筋保护层厚度不小于 3d 时，表中钢筋的锚固长度可乘以 0.8 的修正系数，但不应小于本表注 3 规定的最小锚固长度值。

3. 在任何情况下，锚固区内有横筋的焊接网的锚固长度不应小于 200 mm；锚固区内无横筋时焊接网钢筋的锚固长度，对冷轧带肋钢筋不应小于 200 mm，对热轧带肋钢筋不应小于 250 mm。

4. d 为纵向受力钢筋直径（mm）。

8）钢筋焊接网在受压方向的搭接长度，应取受拉钢筋搭接长度的 70%，且不应小于 150 mm。

9）带肋钢筋焊接网在非受力方向的分布钢筋的搭接，当采用叠搭法［图 5-24（a）］或扣搭法［图 5-24（b）］时，在搭接范围内每个网片至少应有一根受力主筋，搭接长度不应小于 20d，且不应小于 150 mm；当采用平搭法［5-24（c）］且一张网片在搭接区内无受力主筋时，其搭接长度不应小于 20d，且不应小于 200 mm。

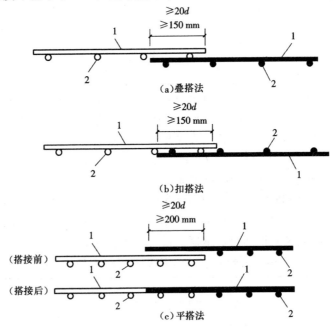

图 5-24　钢筋焊接网在非受力方向的搭接
1—分布钢筋；2—受力钢筋

注：1. 当搭接区内分布钢筋的直径 d>8 mm 时，其搭接长度应按以上的规定值增加 5d 取用。

2. d 为分布钢筋直径。

10）带肋钢筋焊接网双向配筋的面网宜采用平搭法。搭接宜设置在距梁边 1/4 净跨区段以外，其搭接长度不应小于 $30d$，（d 为搭接方向钢筋直径），且不应小于 250 mm。

11）对嵌固在承重砌体墙内的现浇板，其上部焊接网的钢筋伸入支座的长度不宜小于 110 mm，并在网端应有一根横向钢筋，如图 5-25（a）所示，或将上部受力钢筋弯折，如图 5-25（b)所示。

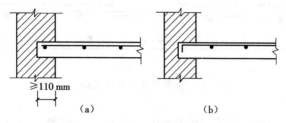

图 5-25　板上部受力钢筋焊接网的锚固

12）当端跨板与混凝土梁连接处按构造要求设置上部钢筋焊接网时，其钢筋伸入梁内的长度不应小于 $30d$，当梁宽较小不能满足 $30d$ 时，应将上部钢筋弯折，如图 5-26 所示。

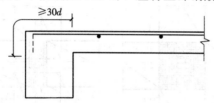

图 5-26　板上部钢筋焊接网与混凝土梁（边跨）的连接

13）对布置有高差板的带肋钢筋面网，当高差大于30 mm时，面网宜在有高差处断开，分别锚入梁中，如图 5-27 所示。

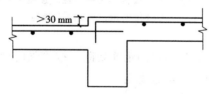

图 5-27　高差板的面网布置

14）当梁两侧板的带肋钢筋焊接网的面网配筋不同时，若配筋相差不大，可按较大配筋布置设计面网；否则，梁两侧的面网宜分别布置，如图 5-28 所示。

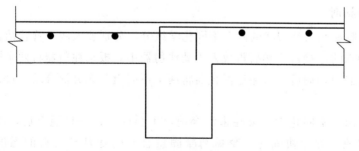

图 5-28　梁两侧的面网布置

15）当梁突出于板的上表面（反梁）时，梁两侧的带肋钢筋焊接网的面网和底网均应分别布置，如图 5-29 所示。

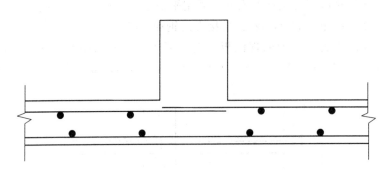

图 5-29　钢筋焊接网在反梁的布置

16）楼板面网与柱的连接可采用整张网片套在柱上，如图 5-30（a）所示，然后再与其他网片搭接；也可将面网在两个方向铺至柱边，其余部分按等强度设计原则用附加钢筋补足，如图 5-30（b）所示。楼板底网与柱的连接应符合设计的规定。

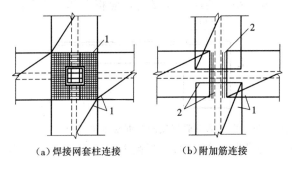

（a）焊接网套柱连接　　　　（b）附加筋连接

图 5-30　楼板焊接网与柱的连接

1—焊接网的面网；2—附加锚固筋

17）当楼板开洞时，可将通过洞口的钢筋切断，按等强度设计原则增设附加绑扎短钢筋加强，并参照普通绑扎钢筋相应的构造规定。

第四节　植筋施工

一、钢筋胶黏剂

Hit-Hy150 胶黏剂为软塑状的两个不同化学组分，分别装入两个管状箔包中，在两个箔包的端部设有特殊的连接器，然后再放入手动注射器中，扳动注射器将两个箔包中的不同组分挤出，在连接器中相遇后，再通过混合器将两个不同组分充分混合后，最终注入所需植筋的孔洞中。

该胶黏剂的两个不同化学组分在未混合前，不会固化；一旦混合后，就会发生化学反应，出现凝胶现象，并很快固化。胶黏剂凝固愈合时间随基础材料的温度而变化，参见表5-7。

该胶黏剂的施工温度范围为 -5℃～40℃。

表 5-7　胶黏剂凝固愈合时间

基础材料温度（℃）	凝固时间（min）	愈合时间（min）
−5	25	360
0	18	180
5	13	90
20	5	45
30	4	25
40	2	15

二、植筋施工方法

植筋施工过程：钻孔→清孔→填胶黏剂→植筋→凝胶。

（1）成孔。对需要锚固钢筋的地方弹线定位，并按已定孔位进行机械成孔；钻孔直径按照表 5-8 中的施工参数确定。

表 5-8　植筋锚固技术参数

钢筋直径 d（mm）	钻孔直径设计值 D（mm）	钢筋直径 d（mm）	钻孔直径设计值 D（mm）
12	15	22	28
14	18	25	31
16	20	28	35
18	22	32	40
20	25		

（2）清孔。对成孔进行高压风处理，将孔内灰渣吹净，用烤棒烤干，然后用丙酮清洗孔壁。

（3）注胶植筋。树脂胶的配制严格按试验室批号配合比值计量调配，一次配胶量不得超过 5 kg，用胶量大时可分多组调配，调配时要确保搅拌均匀、颜色一致。树脂胶灌入孔内后将经处理的钢筋插入孔内，按一定方向旋转十几圈，使树脂胶与钢筋和混凝土表面黏结密实。

（4）固化。7 d 后树脂胶完全固化，进行拉拔试验（无损伤检验），试验值达到设计要求后，卸荷注胶 48 h 后方可进行下道工序，48 h 内不得对钢筋有任何扰动。

（5）成型。植筋完成经实验符合设计要求后，绑扎钢筋网片，支模浇筑混凝土，完成基石加固工程。

三、施工要点及注意事项

（1）植筋锚固的关键是清孔，孔清理不干净或孔内潮湿，均会对胶与混凝土的黏结产生不利影响，使其无法达到设计的黏结强度。

（2）胶体配制时计量必须准确，否则胶体的凝结时间不好控制，甚至会造成胶体凝结固化后收缩，黏结强度降低。

（3）注胶量要掌握准确，不能过多也不能过少，过多，插入钢筋时会溢出，造成浪费或污染；过少则胶体不饱满。

（4）插入钢筋时要注意向一个方向旋转，且要边旋转边插入，以使胶体与钢筋充分黏结。

（5）在施工前应对树脂胶的黏结强度以及胶与钢和胶与混凝土的黏结强度进行试验，满足设计及规范要求后方可施工。

（6）施工完毕后，按 3% 抽样进行拉拔试验，检验拉拔力为每根钢筋强度设计值的 80%。

（7）钻孔前，应先用专用仪器对原结构中钢筋位置进行测定，以免钻孔时对原结构钢筋造成损伤。

第五节　钢筋安装质量检验

钢筋安装质量检验见表 5-9。

表 5-9　钢筋安装质量检验

项目	内　　容
主控项目	钢筋安装时，受力钢筋的品种、级别、规格和数量必须符合设计要求。 检查数量：全数检查。 检验方法：观察，钢尺检查
一般项目	钢筋安装位置的偏差应符合表 5-10 的规定。 检查数量：在同一检验批内，对梁、柱和独立基础，应抽查构件数量的 10%，且不产于 3 件；对墙和板，应按有代表性的自然间抽查 10%，且不少于 3 间；对大空间结构，墙可按相邻轴线间高度 5 m 左右划分检查面，板可按纵、横轴线划分检查面，抽查 10%，且均不少于 3 面

表 5-10　钢筋安装位置的允许偏差和检验方法

项目			允许偏差（mm）	检验方法
绑扎钢筋网	长、宽		±10	钢尺检查
	网眼尺寸		±20	钢尺量连续三档，取最大值
绑扎钢筋骨架	长		±10	钢尺检查
	宽、高		±5	钢尺检查
受力钢筋	间距		±10	钢尺量两端、中间各一点，取最大值
	排距		±5	
	保护层厚度	基础	±10	钢尺检查
		柱、梁	±5	钢尺检查
		板、墙、壳	±3	钢尺检查

续上表

项目		允许偏差（mm）	检验方法
绑扎箍筋、横向钢筋间距		±20	钢尺量连续三档，取最大值
钢筋弯起点位置		20	钢尺检查
预埋件	中心线位置	5	钢尺检查
	水平高差	+3，0	钢尺和塞尺检查

注：1. 检查预埋件中心线位置时，应沿纵、横两个方向量测，并取其中的较大值。

2. 表中梁类、板类构件上部纵向受力钢筋保护层厚度的合格率应达到 90% 及以上，且不得有超过表中数值 1.5 倍的尺寸偏差。

第六章 预应力钢筋工程施工技术

第一节 构造要求

一、先张法预应力

（1）先张法预应力筋的混凝土保护层最小厚度应符合表6-1的规定。

表 6-1 先张法预应力筋的混凝土保护层最小厚度

环境类别	构件类型	混凝土强度等级	
		C30～C45	≥C50
一类	板（mm）	15	15
	梁（mm）	25	25
二类	板（mm）	25	20
	梁（mm）	35	30
三类	板（mm）	30	25
	梁（mm）	40	35

注：混凝土结构的环境分类，应符合《混凝土结构设计规范》（GB 50010－2010)的规定。

（2）当先张法预应力钢丝难以按单根方式配筋时，可采用相同直径钢丝并筋方式配筋。并筋的等效直径，对双并筋应取单筋直径的 1.4 倍，对三并筋应取单筋直径的 1.7 倍。并筋的保护层厚度、锚固长度和预应力传递长度等均应按等效直径考虑。

（3）先张法预应力筋的净间距不应小于其公称直径或等效直径的 1.5 倍，且应符合下列规定：对单根钢丝，不应小于 15 mm；对 $1×3$ 钢绞线，不应小于 20 mm；对 $1×7$ 钢绞线，不应小于 25 mm。

（4）对先张法混凝土构件，预应力筋端部周围的混凝土应采取下列加强措施。

1）对单根配置的预应力筋，其端部宜设置长度不小于 150 mm，且不少于 4 圈的螺旋筋；当有可靠经验时，也可利用支座垫板上的插筋代替螺旋筋，但插筋数量不应少于 4 根，其长度不宜小于 120 mm。

2）对分散布置的多根预应力筋，在构件端部 $10d$（d 为预应力筋的直径）范围内应设置 3～5 片与预应力筋垂直的钢筋网。

3）对采用预应力钢丝配筋的薄板，在板端 100 mm 范围内应适当加密横向钢筋。

（5）当采用先张长线法生产有端横肋的预应力混凝土肋形板时，应在设计和制作上采取防止放张预应力筋时端横肋产生裂缝的有效措施。

对采用先张长线法生产有端肋的预应力肋形板，应采取防止放张预应力筋时端横肋产生裂缝的有效措施；在纵肋与端横肋交接处配置构造钢筋或在端肋内侧面与板面交接处做出一定的坡度或做成大圆弧；也可采用活动端模或活动胎模。

钢筋混凝土构件配筋图阅读方法

（1）首先看图名、比例、必要的材料、施工等说明，尺寸单位一般为 mm，标高为 m。

（2）根据所给图样读懂构件的形状、尺寸等。

（3）逐个分析所给的每一个配筋图样及钢筋数量表，读懂钢筋在构件内部的布置情况，以及每一根钢筋的形状、等级、直径、长度、根数、间距等。

（4）了解该构件使用的材料用量与材料的规格。

（5）了解该构件各部位的具体尺寸、保护层厚度等。

二、后张有黏结预应力

（1）预应力筋孔道的内径宜比预应力筋和需穿过孔道的连接器外径大 10～15 mm，孔道截面面积宜取预应力筋净面积的 3.5～4.0 倍。

后张法有黏结预应力筋孔道的内径，应根据预应力筋根数、曲线孔道形状、穿筋难易程度等确定。对预应力钢丝束或钢绞线束，其孔道截面积与预应力筋的净面积比值调整为 3.5～4.0 倍，直线孔道取小值。为使穿筋方便，多跨曲线孔道内径可适当放大。

（2）预应力筋孔道的净间距和保护层应符合下列规定。

1）对预制构件，孔道的水平净间距不宜小于 50 mm，孔道至构件边缘的净间距不宜小于 30 mm，且不宜小于孔道直径的一半。

2）在现浇框架梁中，预留孔道在竖直方向的净间距不应小于孔道外径，水平方向的净间距不宜小于孔道外径的 1.5 倍。从孔壁算起的混凝土保护层厚度：梁底不应小于 50 mm；梁侧不应小于 40 mm；板底不应小于 30 mm。

（3）预应力筋孔道的灌浆孔宜设置在孔道端部的锚垫板上；灌浆孔的间距不宜大于 30 m。对竖向构件，灌浆孔应设置在孔道下端；对超高的竖向孔道，宜分段设置灌浆孔。灌浆孔直径不宜小于 20 mm。预应力筋孔道的两端应设有排气孔。曲线孔道的高差大于 0.5 m 时，在孔道峰顶处应设置泌水管，泌水管可兼作灌浆孔。

（4）曲线预应力筋的曲率半径不宜小于 4 m；对折线配筋的构件，在预应力筋弯折处曲率半径可适当减小。曲线预应力筋的端头，应有与曲线段相切的直线段，直线段长度不宜小于 300 mm。

（5）预应力筋张拉端可采取凸出式和凹入式做法。采取凸出式做法时，锚具位于梁端面或柱表面，张拉后用细石混凝土封裹。采取凹入式做法时，锚具位于梁（柱）凹槽内，张拉后用细石混凝土填平。凸出式锚固端锚具的保护层厚度不应小于 50 mm，外露预应力筋的混凝土保护层厚度：处于一类环境时，不应小于 20 mm；处于二、三类易受腐蚀环境时，不应小于 50 mm。

（6）预应力筋张拉端锚具的最小间距应满足配套的锚垫板尺寸和张拉用千斤顶的安装要求。锚固区的锚垫板尺寸、混凝土强度、截面尺寸和间接钢筋（网片或螺旋筋）配置等必须满足局部受压承载力的要求。锚垫板边缘至构件边缘的距离不宜小于 50 mm。当梁端面较窄或钢筋稠密时，可将跨中处同排布置的多束预应力筋转变为张拉端竖向多排布置或采取加腋处理。

（7）预应力筋固定端可采取与张拉端相同的做法或采取内埋式做法。内埋式固定端的位置应位于不需要预压应力的截面外，且不宜小于 100 mm。对多束预应力筋的内埋式固定端，宜采取错开布置方式，其间距不宜小于 300 mm，且距构件边缘不宜小于 40 mm。

（8）多跨超长预应力筋的连接，可采用对接法和搭接法。采用对接法时，混凝土逐段浇筑和张拉后，用连接器接长。采用搭接法时，预应力筋可在中间支座处搭接，分别从柱两侧梁的顶面或加宽的梁侧面处伸出张拉，也可从加厚的楼板延伸至次梁处张拉。

多跨超长预应力筋的连接，采用对接法可节约预应力筋，施工方便，但构件截面需要增大，且需分段施工。采用搭接法，其节点构造较复杂，预应力筋和锚具用量增多，但可连续施工，因而在一般框架结构施工中采用较多。

三、后张无黏结预应力

（1）为满足不同耐火等级的要求，无黏结预应力筋的混凝土保护层最小厚度应符合表 6-2、表 6-3 的规定。

表 6-2　板的混凝土保护层最小厚度

约束条件	耐火极限（h）			
	1	1.5	2	3
简支（mm）	25	30	40	55
连续（mm）	20	20	25	30

表 6-3　梁的混凝土保护层最小厚度

约束条件	梁宽	耐火极限（h）			
		1	1.5	2	3
简支（mm）	200≤b<300	45	50	65	采取特殊措施
	≥300	40	45	50	65
连续（mm）	200≤b<300	40	40	45	50
	≥300	40	40	40	45

注：当防火等级较高、混凝土保护层厚度不能满足表列要求时，应使用防火涂料。

（2）板中无黏结预应力筋的间距宜采用 200～500 mm，最大间距可取板厚的 6 倍，但不宜大于 1 m。抵抗温度应力用无黏结预应力筋的间距不受此限制。单根无黏结预应力筋的曲率半径不宜小于 2.0 mm。板中无粘结预应力筋采取带状（2～4 根）布置时，其最大间距可取板厚的 12 倍，且不宜大于 2.4 m。

（3）当板上开洞时，板内被孔洞阻断的无黏结预应力筋可从两侧绕过洞口铺设。无黏结预应力筋至洞口的距离不宜小于 150 mm，水平偏移的曲率半径不宜小于 6.5 m，洞口四周应配置构造钢筋加强。

（4）在现浇板柱节点处，每一方向穿过柱的无黏结预应力筋不应少于 2 根。

（5）梁中集中布置无黏结预应力筋时，宜在张拉端分散为单根布置，间距不宜小于 60 mm，合力线的位置应不变。当一块整体式锚垫板上有多排预应力筋时，宜采用钢筋网片。

（6）无黏结预应力筋的张拉端宜采取凹入式做法。锚具下的构造可采用不同体系，但必须满足局部受压承载力的要求。无黏结预应力筋和锚具的防护应符合结构耐久性要求。

（7）无黏结预应力筋的固定端宜采取内埋式做法，设置在构件端部的墙内、梁柱节点内或梁、板跨内。当固定端设置在梁、板跨内时，无黏结预应力筋跨过支座处不宜小于 1 m，且应错开布置，其间距不宜小于 300 mm。

常用预应力筋的介绍

（1）无黏结预应力钢筋。

无黏结预应力筋是以专用防腐润滑脂作涂料层，由聚乙烯（或聚丙烯）塑料作护套的钢绞线或碳素钢丝束制作而成的。

无黏结预应力筋按钢筋种类和直径分类有三种：$\phi 12$ 的钢绞线、$\phi 15$ 的钢绞线和 $\phi 75$ 的碳素钢丝束，形状如图 6-1 所示。

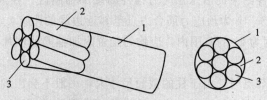

图 6-1　无黏结预应力筋
1—塑料护套；2—防腐润滑脂；3—钢绞线（或高强钢丝束）

（2）高强碳素钢丝。

预应力混凝土用钢丝的分类按交货状态，可分为冷拉钢丝和消除应力钢丝两种；按外形分为光面钢丝、刻痕钢丝、螺旋肋钢丝三种；按松弛性能分两级，即Ⅰ级和Ⅱ级松弛。

预应力混凝土用光面、刻痕和螺旋肋的冷拉或消除应力的高强度钢丝的规格与力学性能，应符合国家标准《预应力混凝土用钢丝》（GB/T 5223—2002）的规定。其外形如图 6-2 和图 6-3 所示。

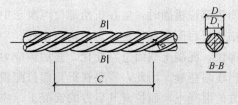

图 6-2　螺旋肋钢丝外形示意图

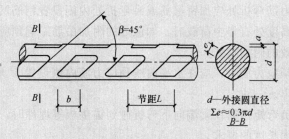

图 6-3　三面刻痕钢丝外形示意图

（3）冷拔低碳钢丝。

冷拔低碳钢丝是由 HRB235 级热轧小直径盘圆钢筋拔制而成，价格低廉。冷拔低碳钢丝有较高的抗拉强度，目前仍为我国小型构件，尤其是短向圆孔板的主要预应力钢材。

冷拔低碳钢丝的主要缺点是塑性太小，$\phi 4$ mm 或 $\phi 5$ mm 的冷拔低碳钢丝的伸长率 δ_{100}（以 100 mm 为标距测量伸长率）仅为 1.5%～3.0%。因此，采用这种钢丝配筋的预应力构件，破坏前的变形预兆很小，多呈现出突发性的"脆性断裂"特征。

（4）钢绞线。

钢绞线是由 2、3、7 根高强钢丝扭结而成的一种高强预应力钢材。

四、钢筋构造措施

（1）对不受其他构件约束的后张预应力构件的端部锚固区，在局部受压钢筋配置区外，构件端部长度 l 不小于 $3e$（e 为预应力筋合力点至邻近边缘的距离）且不大于 $1.2h$（h 为构件端部截面高度）、高度为 $2e$ 的范围内，应均匀配置附加箍筋或网片，其体积配筋率不应小于 0.5%（图 6-4）。

当锚固区位于梁柱节点时，由于柱的截面尺寸大，一般不会出现裂缝。当锚固区位于悬臂梁端或简支梁端且梁的宽度较窄时，应防止沿预应力筋孔道劈裂。

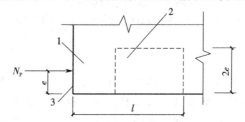

图 6-4　防止沿孔遭劈裂的配筋范围
1—局部受压间接钢筋配置区；2—附加配筋区；3—构件端面

（2）在构件中凸出或凹进部位锚固时，应在折角部位混凝土中配置附加钢筋加强。对内埋式固定端，必要时应在锚垫板后面配置传递拉力的构造钢筋。

在构件中凸出或凹进部位，混凝土截面急剧变化，施加预应力后在折角部位附近的混凝土中会产生较大的应力，出现斜裂缝。因此，需要在折角部位配置双向附加钢筋。对内埋式固定端，张拉力压缩其前方的混凝土，而拉开其后方的混凝土，应根据混凝土厚度、有无抵抗拉力的钢筋，确定是否需要配置加强钢筋。

（3）构件中预应力筋弯折处应加密箍筋或沿弯折处内侧设置钢筋网片。

（4）当构件截面高度处有集中荷载时，如该处的附加吊筋影响预应力筋孔道铺设，可将吊筋移位，或改为等效的附加箍筋。

（5）弯梁中配置预应力筋时，应在水平曲线预应力筋内侧设置 U 形防崩裂的构造钢筋，并与外侧钢筋骨架焊牢。

（6）当框架梁的负弯矩钢筋在梁端向下弯折碰到锚垫板等埋件时，可缩进下弯、侧弯或上弯，但必须满足锚固长度的要求。

（7）在框架柱节点处，预应力筋张拉端的锚垫板等埋件受柱主筋影响时，宜将柱的主筋移位，但应满足柱的正截面承载力要求。

（8）在现浇结构中，受预应力筋张拉影响可能出现裂缝的部位，应配置附加构造钢筋。

为防止与预应力混凝土楼盖结构相连的钢筋混凝土梁板内出现受拉裂缝，预应力筋应伸入相连的钢筋混凝土梁内，并分批截断与锚固。相邻一跨梁板内的非预应力筋也应加强。

在现浇混凝土楼板中，梁端张拉力沿 30°～40°向板中扩散而产生拉应力；如板的厚度薄，则会出现斜裂缝，应在预应力传递的边区格和角区格内加配附加钢筋。对预应力混凝土大梁端部的短柱，为防止张拉阶段产生剪切裂缝，应沿柱高全程加密箍筋或采用适当的临时减小短柱抗侧移刚度的措施。

五、减少约束力措施

（1）大面积预应力混凝土梁板结构施工时，考虑到多跨梁板施加预应力和混凝土早期收缩受柱或墙约束的不利因素，宜设置后浇带或施工缝。后浇带的间距宜取 50～70 m，间距应根据结构受力特点、混凝土施工条件和施加预应力方式等确定。

（2）梁板施加预应力的方向有相邻边墙或剪力墙时，应使梁板与墙之间暂时隔开，待预应力筋张拉后，再浇筑混凝土。

（3）同一楼层中，当预应力梁板周围有多跨钢筋混凝土梁板时，两者宜暂时隔开，待预应力筋张拉后，再浇筑混凝土。

（4）当预应力梁与刚度大的柱或墙刚接时，可将梁柱节点设计成在框架梁施加预应力阶段无约束的滑动支座，张拉后做成刚接。

六、钢结构预应力

（1）钢结构预应力筋的布置原则为在预应力作用下，应使结构具有最多数量的卸载杆和最少数量的增载杆。

（2）钢结构的弦杆由钢管组成时，预应力筋可穿在弦杆钢管内，利用定位支架或隔板居中固定。钢结构弦杆由型钢组成时，预应力筋应对称布置在弦杆截面之外，并在节点处与钢弦杆相连。

（3）当采用设置于钢套管内的裸露钢绞线时，应在张拉后灌浆防护。钢套管的截面面积宜为预应力筋净面积的 2.5～3.0 倍。预应力筋采用无黏结钢绞线时，护套的厚度不应小于 1.2 mm。

（4）预应力筋锚固节点的尺寸应满足张拉锚固体系的要求，并要考虑多根预应力筋的合力应作用在弦杆截面的形心。锚固节点应采取加劲肋加强措施，并应验算节点的局部承载力和稳定性。

（5）预应力筋的转折处应设置转向块（如弧形板或弧形钢管等），保证集中荷载均匀、可靠地传递。

（6）钢结构张拉端锚具防护应采用封锚钢罩，罩内应充填水泥浆或防腐油脂。

第二节　预应力筋下料长度

一、后张法施工

（1）后张法预应力混凝土构件和钢构件中采用钢绞线束夹片锚具时，钢绞线的下料长度 L 可按下列公式计算（图6-5）：

1）两端张拉

$$L=l+2（l_1+l_2+100）$$

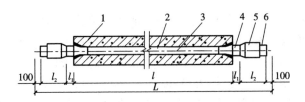

图 6-5　采用夹片锚具时钢绞线的下料长度

1—混凝土构件；2—预应力筋孔道；3—钢绞线；4—夹片式工作锚；

5—张拉用千斤顶；6—夹片式工具锚

　　2）一端张拉

$$L = l + 2(l_1 + 100) + l_2$$

式中　　l——构件的孔道长度（mm），对抛物线形孔道，可按有关规定计算；

　　　　l_1——夹片式工作锚厚度（mm）；

　　　　l_2——张拉用千斤顶长度（含工具锚）（mm），采用前卡式千斤顶时仅算至千斤顶体内工具锚外。

　　（2）后张法混凝土构件中采用钢丝束墩头锚具时，钢丝的下料长度 L 可按预应力筋张拉后螺母位于锚杯中部计算（图 6-6）。

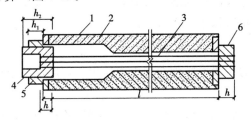

图 6-6　采用墩头锚具时钢丝的下料长度

1—混凝土构件；2—孔道；3—钢丝束；4—锚杯；5—螺母；6—锚板

$$L = l + 2(h + s) - K(h_2 - h_1) - \Delta L - c$$

式中　　l——构件的孔道长度，按实际尺寸（mm）；

　　　　h——锚杯底部厚度或锚板厚度（mm）；

　　　　s——钢丝镦头留量，对$\Phi^P 5$取 10 mm；

　　　　K——系数，一端张拉时取 0.5，两端张拉时取 1.0；

　　　　h_2——锚杯高度（mm）；

　　　　h_1——螺母高度（mm）；

　　　　ΔL——钢丝束张拉伸长值；

　　　　c——张拉时构件的弹性压缩值。

　　二、先张法施工

　　先张法构件采用长线台座生产工艺时，预应力筋的下料长度 L 可按下列公式计算（图 6-7）：

$$L = l_1 + l_2 + l_3 - l_4 - l_5$$

式中　　l_1——长线台座长度（mm）；

　　　　l_2——张拉装置长度（含外露工具式拉杆长度）（mm）；

l_3——固定端所需长度（mm）；

l_4——张拉端工具式拉杆长度（mm）；

l_5——固定端工具式拉杆长度（mm）。

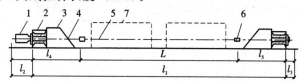

图 6-7 长线台座法预应力筋的下料长度

1—张拉装置；2—钢横梁；3—台座；4—工具式拉杆；5—预应力筋；

6—连接器；7—待浇混凝土构件

同时，预应力筋下料长度应满足构件在台座上的排列要求。预应力筋直接在钢横梁上张拉和锚固时，可取消 l_4 与 l_5 值。

预应力筋的配料计算的介绍

（1）先张法长线台座中预应力筋下料长度的计算（图 6-8）。

图 6-8 长线台座整根预应力钢筋下料长度计算示意图

1—预应力钢筋；2—焊接头；3—镦头；4—锥形夹具；

5—台座承力支架；6—横梁；7—定位板

预应力粗钢筋的下料长度：

$$L = L_0/(1+\gamma+\delta)+nl_0$$

式中 L_0——预应力筋的成品长度（mm）；

l_0——每个对焊接头的压缩长度（mm）；

n——对焊接头数量（mm）；

l_3——镦头锚具长度（mm）；

l_4——张拉端预应力筋长度（包括锚具和千斤顶的长度并赠加 30～50 mm 的外露长度）（mm）；

γ——钢筋冷拉伸长率（由试验确定）；

δ——钢筋冷拉后的弹性回缩率（由试验定）。

对于预应力钢丝的下料长度，则不计 nl_0 这一项。

（2）后张法施工中预应力粗钢筋的下料长度计算。

1）当采用螺丝端杆锚具时，如图 6-9 所示。

$$L = L_0/(1+\gamma-\delta)+nl_0$$

式中 L——预应力筋的下料长度（mm）；

L_0——预应力筋冷拉后的成品长度（mm）；

n——对焊接头数量；

γ——预应力筋的冷拉率（由试验确定）；

δ——预应力筋的冷拉弹性回缩率（由试验确定）。

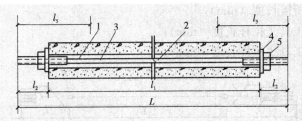

图 6-9 粗钢筋下料长度计算示意图

1—螺丝端杆；2—预应力钢筋；3—对焊接头；4—垫板；5—螺母

2）当采用一端为螺丝端杆锚具，另一端为帮条锚具时，如图 6-10 所示。

$$L = L_0/(1 + \gamma - \delta) + n l_0$$
$$L_0 = l_1 - l_5$$
$$L = l_1 + l_2 + l_3$$

式中 l_3——帮条锚具长度，取 70~80 mm。

其他符合意义同前。

图 6-10 预应力钢筋一端采用螺丝端杆锚具，
另一端采用帮条锚具时下料长度的计算示意图

1—应力筋；2—螺杆锚具；3—帮条锚具；4—混凝土构件；5—孔道

3）当一端采用螺丝端杆锚具，另一端采用镦头锚具时，下料长度计算与上法相同，只是 l_3 为镦头锚具的长度（包括垫板厚度）如图 6-11 所示。

图 6-11 预应力钢筋一端采用螺丝端杆锚具，
另一端采用镦头锚具时下料长度的计算示意图

1—预应力筋；2—螺丝端杆锚具；3—镦头锚具；4—孔道；5—混凝土构件

（3）后张法施工中钢绞线或钢丝束的下料长度（L）计算。L 可按下式计算：

$$L = l_1 + l_2 + (l_3 + l_4) \times n + 2 l_5 + l_6$$

式中 l_1——孔道长度（mm）；

l_2——张拉端锚板厚度（mm）；

l_3——穿心式千斤顶长度 mm）；

l_4——工具锚板和限拉板厚度（mm）；

l_5——预留长度（可取 100~150mm）；

n——两端张拉时取 2，一端张拉时取 1；

l_6——锚固端锚板厚度（mm）。

　　需要注意的是在同一构件内配置两根以上预应力筋时，其对焊接头不能在同一截面上，相互错开的距离应不小于钢筋直径30倍，且不小于500 mm。也就是说，同一孔道内的预应力钢筋下料长度也会不同。螺丝端杆在构件端部的外露长度 l_2 也必须满足锚固的需要，过长和过短都会失去锚固作用。所以，必须将同一构件内的所有预应力钢筋的下料长度分别计算和编号，以免搞错。

第三节　制作与安装

一、预应力筋制作

（1）常态下料。

对于钢筋较平直或对下料长度误差要求不高的预应力筋可直接下料，如有局部弯曲，选采用机械扳直后方能下料，对于粗钢筋要先调直，再下料。

（2）应力下料。

对长度要求较严的一些钢丝束，如镦头锚具钢丝束等，其下料宜采用应力下料的方法，即在预应力筋被拉紧的状态下，量出所需长度，然后放松，再进行断料，拉紧时的控制应力为300 MPa。此种方法还应考虑下料后的弹性回缩值，以免下料过短。钢丝束两端采用镦头锚具时，同一束中各根钢丝下料长度的相对差值，应不大于钢丝束长度的1/5 000，且不得大于5 mm。对长度不大于6 m的先张法预应力构件，当钢丝成组张拉时，同组钢丝下料长度的相对差值不得大于2 mm。

（3）断料方法。

钢丝、钢绞线、热处理钢筋及冷拉Ⅳ级钢筋宜采用砂轮锯或切断机切断，不得采用电弧切割，以免因火烧伤钢筋及过高的温度造成钢筋强度降低。这是因为经冷加工和热处理，钢材的强度在温度影响下会发生变化：200℃时略有提高；450℃时稍有降低；700℃时恢复原力学性能。

对于较细的钢丝，一般可用手动断线钳或机动剪子断料。需要镦头时，切断面应力求平整且与母材垂直。

钢绞线下料前，应在切割口两侧各5 cm处用钢丝绑扎，切割后将切割口焊牢，以免钢绞线松散。

钢绞线的介绍

钢绞线是由2、3、7根高强钢丝扭结而成的一种高强预应力钢材。预应力钢绞线截面如图6-12、图6-13和图6-14所示。

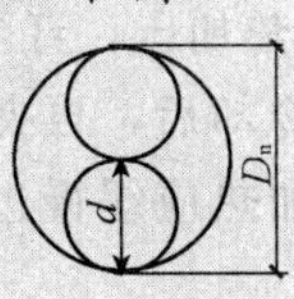

图6-12　1×2结构钢绞线

d—钢丝直径（mm）；

D_n—钢绞线直径（mm）

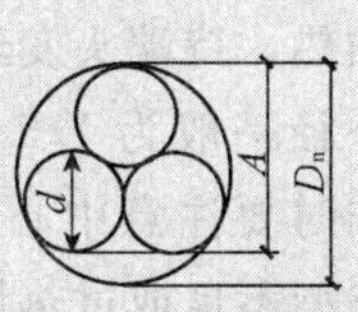

图6-13　1×3结构钢绞线

d—钢丝直径（mm）；D_n—钢绞线直径（mm）；

A—钢绞线测量尺寸（mm）

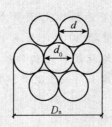

图 6-14　1×7 结构钢绞线

D_n—钢绞线直径（mm）；d_0—中心钢丝直径（mm）；

d—外层钢丝直径（mm）

工程中用得最多的是由 6 根钢丝围绕着一根芯丝顺一个方向扭结而成的 7 股钢绞线。芯丝直径常比外围钢丝直径大 5%～7%，使各根钢丝紧密接触，钢绞线的捻距为钢绞线公称直径的 12～16 倍。模拔钢绞线其捻距应为钢绞线公称直径的 14～18 倍。

1×7 结构股钢绞线由于面积较大，比较柔软，操作方便，既适用于先张法又适用于后张法施工，目前已成为国际上应用最广的一种预应力钢材。它既可以在先张法预应力混凝土中使用，也可以适用于后张法有黏结和无黏结工艺。

（4）下料要求。

1）钢筋束的钢筋直径一般为 12 mm 左右，成盘供料，下料前应经开盘、冷拉、调直、镦粗（仅用于镦头锚具），下料时每根钢筋（同一钢丝束的钢丝）长度应一致，误差不超过 5 mm。

2）钢丝下料前先调直，5 mm 大盘径钢丝用调直机调直后即可下料；小盘径钢丝应采用应力下料方法。用冷拉设备时取下料应力为 300 MPa，一次完成开盘、调直和在同一应力状态下量出需要的下料长度，然后放松切料。当用镦头锚具时，同束钢丝下料相对误差应控制在 $L/5\,000$ 以内（L 为钢丝下料长度），且不大于 5 mm，中小型构件先张法不大于 2 mm；当用锥形锚具时，只需调直，不必应力下料，夏季下料应考虑温度变化的影响。

3）钢绞线下料前应进行预拉。预拉应力值取钢绞线抗拉强度的 80%～85%，保持 5～10 mm 再放松。如出厂前经过低温回火处理，则无须预拉。下料时，在切口的两侧各 5 cm 处用 20 号钢丝扎紧后切割，切口应立即焊牢。

二、钢筋镦头

（1）预应力筋（丝）采用镦头夹具时，端头应镦粗。镦头分热镦和冷镦两种工艺。常用镦头机具及适用范围见表 6-4。

（2）热镦时，应先经除锈（端头 15～20 cm 范围内）、矫直、端面磨平等工序，再夹入模具，并留出一定镦头留量（1.5～2d）。操作时使钢筋头与紫铜棒相接触，在一定压力下进行多次脉冲式通电加热，待端头发红变软时，即转入交替加热加压，直至预留的镦头留量完全压缩为止。镦头外径一般为 1.5～1.8d。对Ⅳ级钢筋需冷却后，再夹持镦头进行通电 15～25 s 热处理。操作时要注意中心线对准，夹具要夹紧，加热应缓慢进行，通电时间要短，压力要小，防止成型不良或过热烧伤，同时避免骤冷。

（3）冷镦时，机械式镦头要调整好镦头锚具与夹具间的距离，使钢筋有一定的镦头留量，Φ^P、Φ^H、Φ^I 钢丝的留量分别为 8～9 mm、10～11 mm、12～13 mm。液压式镦头留量为 1.5～2d，要求下料长度一致。

表 6-4　钢筋（丝）镦头机具使用方法和适用范围

项目		常用镦头机具使用方法	适用范围
电热镦头法		UN1-75 型或 UN1-100 型手动对焊机，附装电极和顶头用的紫铜棒和夹钢筋用的紫铜模具	适用于 $\phi 12 \sim 14$ mm 钢筋镦头
冷镦法	机械镦头	SD5 型手动冷镦器，镦头次数 5～6 次/min，自重 31.5 kg	供预制厂在长线台座上冷冲镦粗冷拔低碳钢丝
		YD6 型移动式电动冷镦机，镦头次数 18 次/min，顶镦推杆行程 25 mm，电动机机率1.1 kW，自重 91 kg，并附有切线装置	供预制厂在长线台座上使用，也可用于其他生产，冷镦 $\Phi^b 4$、$\Phi^b 5$ 冷拔低碳钢线
		GD5 型固定式电动冷镦机，镦头次数 60 次/min，夹紧力 3 kN，顶锻力 20 kN，电动机功率 3 kW，自重 750 kg	适用于机组流水线生产，冷镦冷拔低碳钢丝
	液压镦头	型号有 SLD-10 型，SLD-40 型及 YLD-45 型等	适用于 $\phi 5$ mm 高强钢丝和冷拔低碳钢丝及 $\phi 8$ 调质钢筋、$\phi 12$ mm 光圆或螺纹普通低合金钢筋

注：25 mm 以上粗钢筋宜用汽锤镦头。

三、预应力筋孔道留设

构件预留孔道的直径、长度、形状由设计确定，如无规定时，孔道直径应比预应力筋直径的对焊接头处外径或需穿过孔道的锚具或连接器的外径大 10～15 mm；对钢丝或钢绞线孔道的直径应比预应力束外径或锚具外径大 5～10 mm，且孔道面积应大于预应力筋的 2 倍以利于预应力筋穿入，孔道之间净距和孔道至构件边缘的净距均不应小于 25 mm。

管芯材料可采用钢管、胶管（帆布橡胶管或钢丝胶管）、镀锌双波纹金属软管（简称波纹管）、黑铁皮管、薄钢管等。钢管管芯适用于直线孔道；胶管适用于直线、曲线或折线形孔道；波纹管（黑铁皮管或薄钢管）埋入混凝土构件内，不用抽芯，为一种新工艺，适用于跨度大、配筋密的构件孔道。

（1）一般要求。

1）金属波纹管或塑料波纹管安装前，应按设计要求在箍筋上标出预应力筋的曲线坐标位置，点焊钢筋支托。支托间距：对圆形金属波纹管宜为 1.0～1.2 m，对扁形金属波纹管和塑料波纹管宜为 0.8～1.0 m。波纹管安装后，应与钢筋支托可靠固定。

制孔用管材的介绍

金属波纹管是由薄钢带用卷管机经压波后卷成的，具有重量轻、刚度好、弯折方便、连接简单、与混凝土黏结好等优点，已普遍使用。塑料波纹管是一种新型管材，具有密封性好、柔韧性好、摩擦损失小、耐疲劳、不导电、可弯成小曲率等优点，有较大的发展前景。

（1）后张预应力构件中预埋制孔用管材有金属波纹管（螺旋管）、钢管和塑料波纹管等。梁类构件宜采用圆形金属波纹管，板类构件宜采用扁形金属波纹管，施工周期较长时应选用镀锌金属波纹管。塑料波纹管宜用于曲率半径小、密封性能好以及抗疲劳要求高的孔道。钢管宜用于竖向分段施工的孔道。抽芯制孔用管材可采用钢管或夹布胶管。

（2）金属波纹管和塑料波纹管的规格和性能应符合现行行业标准《预应力混凝土金属波纹管》（JG 225—2007）。

金属波纹管的钢带厚度、波高和咬口质量是关键控制指标。双波纹金属波纹管的弯曲性能优于单波纹金属波纹管。当使用单位能提供近期采用的相同品牌和型号波纹管的检验报告或有可靠的工程经验时，可不作刚度、抗渗漏性能或密封性能的进场复验。波纹管经运输、存放可能会出现伤痕，变形、锈蚀、污染等，因此使用前应进行外观质量检查。

（3）波纹管进场时每一合同批应附有质量证明书，并做进场复验。

1）波纹管的内径、波高和壁厚等尺寸偏差不应超过允许值。

2）金属波纹管的内外表面应清洁、无油污、无锈蚀、无孔洞、无不规则的褶皱，咬口不应有开裂或脱扣。

3）塑料波纹管的外观应光滑、色泽均匀，内外壁不允许有隔体破裂、气泡、裂口、硬块和影响使用的划伤。

对波纹管用量较少的一般工程，当有可靠依据时，可不做刚度、抗渗漏性能或密封性的进场复验。

波纹管钢筋支托的间距与预应力筋重量和波纹管自身刚度有关。一般曲线预应力筋的关键点如最高点、最低点和反弯点等应直接点焊钢筋支托，其余点可按等距离布置支托。波纹管安装后应用钢丝与钢筋支托绑扎牢靠，必要时点焊压筋，拼成井字形钢筋支托，防止波纹管上浮。

2）金属波纹管接长时，可采用大一号同型波纹管作为接头管。接头管的长度宜取管径的3～4倍。接头管的两端应采用热塑管或粘胶带密封。塑料波纹管接长时，可采用塑料焊接机热熔焊接或采用专用连接管。

金属波纹管宜采用同一厂家生产的产品，以便与接头管波纹匹配。波高应满足规定要求，以免接头管处因波纹扁平而拉脱。扁波纹管的连接处应用多道胶带包缠封闭，以免漏浆。塑料波纹管在现场应少用接头甚至不用接头，直接整根预埋。必要时可采用塑料热熔焊接或采用专用连接管。

3）灌浆管或泌水管与波纹管连接时，可在波纹管上开洞，覆盖海绵垫和塑料弧形压板并与波纹管扎牢，再用增强塑料管插在弧形压板的接口上，且伸出构件顶面不宜小于500 mm。

金属波纹管上安装塑料弧形压板时，可先在波纹管上开孔，也可先安装塑料弧形压板，待混凝土浇筑后再凿孔进行灌浆。塑料波纹管可采用专用的防渗漏灌浆嘴。

4）采用钢管或胶管抽芯成孔时，钢筋井字架的间距：对钢管宜为 1.0～1.2 m，对胶管宜为 0.6～0.8 m。浇筑混凝土后，应陆续转动钢管，在混凝土初凝后、终凝前抽出。胶管内应预先充入压缩空气或压力水，使管径增大 2～3 mm，待混凝土初凝后放出压缩空气或压力水，管径缩小即可抽出。

5）竖向预应力结构采用钢管成孔时应采用定位支架固定，每段钢管的长度应根据施工分层浇筑高度确定。钢管接头处宜高于混凝土浇筑面 500～800 mm，并用堵头临时封口。

竖向预应力孔道底部必须安装灌浆和止回浆用的单向阀，钢管接长宜采用螺纹连接。

6）混凝土浇筑时，应采取有效措施，防止预应力筋孔道漏浆堵孔。

当采取用空管留孔时，为防止混凝土浇筑过程中波纹管漏浆堵孔，宜采用通孔器通孔；当采取穿筋留孔时，宜拉动预应力筋疏通孔道。对留孔质量严格把关，浇筑混凝土时又得到有效保护，可免除通孔工序。

7）钢管桁架中预应力筋用钢套管保护时，每隔 2～3 m 应采用定位支架或隔板居中固定。钢桁架在工厂分段制作时，应预先将钢套管安装在钢管弦杆内，再在现场的拼装台上用大一号同型钢套管连接或采用焊接接头。钢套管的灌浆孔可采用带内螺纹的接头管焊在套管上。

（2）预应力构件管芯埋设和抽管。

1）钢管抽芯法。这种方法大都用于留设直线孔道时，它是预先将钢管埋设在模板内的孔道位置处，钢管的固定如图6-15所示。钢管要平直，表面要光滑，每根长度最好不超过 15 m，钢管两端应各伸出构件约 500 mm。较长的构件可采用两根钢管，中间用套管连接，套管连接方式如图 6-16 所示。在混凝土浇筑过程中和混凝土初凝后，每间隔一定时间慢慢转动钢管，使混凝土不与钢管粘牢，等到混凝土终凝前抽出钢管。抽管过早，会造成坍孔事故；太晚，则混凝土与钢管黏结牢固，抽管困难。常温下抽管时间，约在混凝土浇灌后 3～6 h。抽管顺序宜先上后下，抽管可采用人工或用卷扬机，速度必须均匀，边抽边转，与孔道保持直线。抽管后应及时检查孔道情况，做好孔道清理工作。

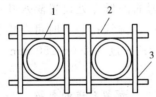

图 6-15　钢管（管芯）的固定

1—钢管或胶管芯；2—钢筋；3—点焊

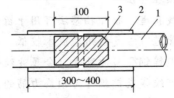

图 6-16　套管连接方式

1—钢管；2—镀锌薄钢板套管；3—硬木塞

2）胶管抽芯法。此方法不仅可以留设直线孔道，亦可留设曲线孔道，胶管弹性好，便于弯曲，一般有五层或七层帆布胶管和钢丝网橡皮管两种，工程实践中通常用前一端密封，另一端接阀门充水或充气，如图 6-17 所示。胶管具有一定弹性，在拉力作用下，其断面能缩小，故在混凝土初凝后即可把胶管抽拔出来。帆布胶管质软，必须在管内充气或充水。在浇筑混凝土前，胶皮管中充入压力为 0.6～0.8 MPa 的压缩空气或压力水，此时胶皮管直径可增大 3 mm 左右，然后浇筑混凝土，待混凝土初凝后，放出压缩空气或压力水，胶管孔径变小，并与混凝土脱离，随即抽出胶管，形成孔道。抽管顺序，一般应为先上后下，先曲后直。

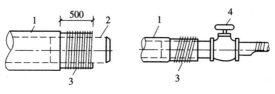

(a) 胶管封端   (b) 胶管与阀门连接

图 6-17　胶管封端与连接

1—胶管；2—钢管堵头；3—20 号铅丝密缠；4—阀门

　　一般采用钢筋井字形网架固定管子在模内的位置，井字网架间距：钢管为 1～2 m 左右；胶管直线段一般为 500 mm 左右，曲线段为 300～400 mm 左右。

　　3）预埋管法。预埋管采用的一种金属波纹软管是由镀锌薄钢带经波纹卷管机压波卷成，具有重量轻、刚度好、弯折方便、连接简单，与混凝土粘接较好等优点。波纹管的内径为 50～100 mm，管壁厚 0.25～0.3 mm。除圆形管外，另有新研制的扁形波纹管可用于板式结构中，扁管的长边长为短边长的 2.5～4.5 倍。

　　这种孔道成型方法一般均用于采用钢丝或钢绞线作为预应力筋的大型构件或结构中，可直接把下好料的钢丝、钢绞线在孔道成型前就穿入波纹管中，这样可以省掉穿束工序，亦可待孔道成型后再进行穿束。

　　对连续结构中呈波浪状布置的曲线束，且高差较大时，应在孔道的每个峰顶处设置泌水孔；起伏较大的曲线孔道，应在弯曲的低点处设置泌水孔；对于较长的直线孔道，应每隔 12～15 m 左右设置排气孔。泌水孔、排气孔必要时可考虑作为灌浆孔用。波纹管的连接可采用大一号的同型波纹管，接头管的长度为 200～250 mm，以密封胶带封口。

预留孔道的介绍

　　预留孔道是后张法施工的一道关键工序，孔道有直线和曲线之分，成孔方法有无缝钢管抽芯法、胶管加压抽芯法和预埋管法。

　　钢筋抽芯法是用于留设直线孔道，胶管抽芯法可用于留设直线、曲线及折线孔道。这两种方法主要用于预制构件，管道可重复使用，成本较低。

　　预埋管法可采用薄钢管、镀锌钢管与波纹管（金属波纹管或塑料波纹管）等。用金属波纹管留孔，一般均用于采用钢绞线或钢丝作为预应力筋的大型构件中，竖向结构留孔可用钢管。

　　对连续结构中的多波曲线束，且高差较大时，应在孔道的每个峰顶处设置泌水孔；起伏较大的曲线孔道，应在弯曲的低点处设置排水孔；排气孔及灌浆孔的设置方法如下：

在波纹管上开洞，然后将特制的带嘴塑料弧形接头板用钢丝同管子绑在一起，再用塑料管或钢管与嘴连接，并将其引到构件外面 400～600 mm，一般应高出混凝土顶面至少 500 mm，接头板的周边可用宽塑料胶带缠绕数层封严，或在接头板与波纹管之间垫海绵垫片。泌水孔、排气孔必要时可考虑作为灌浆孔用，如图 6-18 所示。

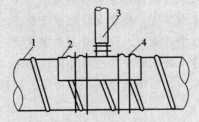

图 6-18 波纹管上开孔示意图
1—波纹管；2—带嘴的塑料弧形压板与海绵垫；3—塑料管；4—钢丝绑扎

波纹管的连接可采用大一号的同型波纹管，接头管的长度当管径为 $\phi40$～65 mm 时取 200 mm；$\phi70$～85 mm 时取 250 mm，$\phi90$～100 mm 时取 300 mm，管两端用密封胶带或塑料热缩管封裹，以防漏浆。

波纹管安装过程中应尽量避免反复弯曲，以防管壁开裂，同时防止电焊火花烧伤管壁，波纹管安装后，管壁如有破损，应及时修补。波纹管安装后，应检查波纹管的位置、开头是否符合设计要求，波纹管固定是否牢固，接头是否完好，有无破损现象等，如有破损，及时用粘胶带修补。

（3）曲线孔道留设。

现浇整体预应力框架结构中，通常配置曲线预应力筋，因此在框架梁施工中必须留设曲线孔道。曲线孔道可采用白铁管或波形白铁管留孔，曲线白铁管的制作应在平直的工作台上借助于模具定位，利用液压弯管机进行弯曲成型，其弯曲部分的坐标按预应力筋曲线方程计算确定，弯制成型后的坐标误差应控制在 2 mm 以内。曲线白铁管一般可制成数节，然后在现场安装成所需的曲线孔道，接头部分用 300 mm 长的白铁管套接。灌浆孔和泌水孔则在白铁管上打孔后用带嘴的弧形白铁（或塑料）压板形成，如图 6-19 所示。灌浆孔一般留设在曲线筋的最低部位，泌水孔设在曲线筋最高的拐点处。灌浆孔和泌水孔用 20 mm 塑料管，并伸出梁表面 50 mm 左右。

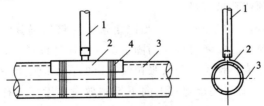

图 6-19 灌浆孔或泌水孔留设示意图
1—20 mm 塑料管；2—带嘴弧形白铁压板；3—白铁管；4—绑扎铅丝

四、预应力筋安装

（1）一般要求。

1）预应力筋可在浇筑混凝土前（先穿束法）或浇筑混凝土后（后穿束法）穿入孔道，采取的方法应根据结构特点、施工条件和工期要求等确定。

穿束的介绍

穿束，即将预应力筋穿入孔道，分先穿束法和后穿束法。

先穿束法是在浇筑混凝土前穿束，按穿束与预埋波纹管之间的配合又可分为先穿束后装管、先装管后穿束、两者组装后放入，以先装管后穿束较为多用。可直接将下好料的钢绞线、钢丝在孔道成型前就穿入波纹管中，这样可简化穿束工作，但应注意在浇筑混凝土和在混凝土初凝之前要不断来回拉动预应力筋，预防应力钢筋被渗漏的水泥浆粘住而增大张拉时的磨擦阻力。

后穿束法是在浇筑混凝土之后进行，可在混凝土养护期内操作，不占工期，可在张拉前进行，便于防锈，但穿束较为费力多用于直线孔道。施工时也可预先穿入长钢丝或尼龙绳，在钢丝或尼龙绳的中部固定直径略小于孔道直径的套板，在浇筑混凝土和混凝土初凝之前来回拉动，进行通孔。

钢丝束应整束穿，钢绞线优先采用整束穿，也可单根穿，穿束工作可由人工、卷扬机、或穿束机进行。整束穿时，束的前端装特制牵引头或网套；单根穿时，钢绞线前套一个子弹头形壳帽。

当钢筋密集，预应力筋多波曲线易使波纹管变形振瘪时宜采用先穿束法；当工期特别紧，波纹管曲线顺畅不易被振瘪时，可采用后穿束法。

2）穿束的方法可采用人力、卷扬机或穿束机单根穿或整束穿。对超长束、特重束、多波曲线束等宜采用卷扬机整束穿，束的前端应装有穿束网套或特制的牵引头。穿束机适用于穿大批量的单根钢绞线，穿束时钢绞线前头宜套一个子弹头形壳帽。采用先穿束法穿多跨曲线束时，可在梁跨的中部处留设穿束助力段。

长度不大于 60 m，且不多于 3 跨的多波曲线束，可采用人力单根穿。长度大于 60 m 的超长束、多波束、特重束，宜采用卷扬机前拉后送分组穿或整束穿。当超长束需要人力穿束时，可在梁的跨度中间段受力钢筋相对较少的部位设置助力段，利用大一号波纹管移出 1.5 m 的空隙段，便于工人助力穿束；穿束完成后，将移出的波纹管复位。以上穿束方法应根据孔道波形、长度与孔径，以及预应力筋表面状态、具体施工条件等灵活应用。对穿束困难的孔道，应适当增大预留孔道直径。

3）预应力筋宜从内埋式固定端穿入。当固定端采用挤压锚具时，从孔道末端至锚垫板的距离应满足成组挤压锚具的安装要求；当固定端采用压花锚具时，从孔道末端至梨形头的直线锚固段不应小于设计值。预应力筋从张拉端穿出的长度应满足张拉设备的操作要求。

4）竖向孔道的穿束，宜采用单根由上向下控制放盘速度穿入孔道，也可采用整束由下向上牵引的工艺。

5）混凝土浇筑前穿入孔道的预应力筋，宜采取防止锈蚀措施。

孔道内可能有浇筑混凝土时渗进的水或从喇叭管口流入的养护水、雨水等会引起预应力筋锈蚀，因此应根据工程具体情况采取必要的防锈措施。

（2）布置原则。

预应力筋的铺设布置、因板的类型不同而有差异。单向板和单向连续板的预应力筋的铺设和非预应力钢筋相同，仅在支座处弯曲过梁支点，一般也形成曲线形。它的曲率可以用垫铁马凳控制，铁马凳高度可根据设计要求的曲率坐标高度制作，马凳的间距为 1～2 m。马凳应与非预应力筋绑扎牢固，无黏结预应力筋要放在马凳上用钢丝扎牢，但不要扣得太紧。

在双向板及双向连续板的结构中，由于无黏结筋要配置两个方向的悬垂曲线，因此要计算两个方向点的坐标高度，最后宜先铺设标高低的无黏结筋层，再铺设相交叉而标高较高的无黏结筋。要避免两个方向无黏结筋相互穿插的编结铺设。

铺设布置应按施工图上的根数多少确定间距进行布筋。并应严格按设计要求的曲线形状就位，并固定牢固。布筋时还应与水、电工程的管线配合进行，要避免各种管线将预应力筋的竖向坐标抬高或压低。

一般均布荷载作用下的板，预应力筋的间距约为 250～500 mm，最大间距对单向板允许为板厚的 6 倍；对双向板允许为板厚的 8 倍。允许安装偏差，矢高方向为 ±5 mm；水平方向为 ±30 mm。

无黏结预应力筋的混凝土保护层，是根据结构耐火等级及暴露条件而定，还要考虑无黏结筋铺设时的竖向偏差。

根据耐火等级不同，保护层厚度是：对无约束的板为20～40 mm，对有约束的板为20～25 mm。

浇筑混凝土前应对无黏结筋进行检查验收，如各控制点的矢高；塑料保护套有无脱落和歪斜；固定端镦头与锚板是否贴紧；无黏结筋涂层有无破损等；合格后方可浇筑混凝土。为保证长期的耐久性，特别是处于侵蚀性环境的情况下，采用密实优质的混凝土，足够的保护层，良好的施工作业过程和限制水溶性氯化物在混凝土中的用量，都是保护无黏结筋的必要措施。

（3）预应力框架梁布筋形式。

1）正反抛物线形布置。如图 6-20 所示，适用于支座弯矩与跨中弯矩基本相等的单跨框架梁。

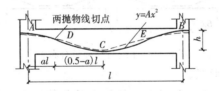

图 6-20　正反抛物线形布置

2）直线与抛物线相切布置，如图 6-21 所示，适用于支座弯矩较小的单跨框架梁或多跨框架梁的边跨梁外端，其优点是可以减少框架梁跨中及内支座处的摩擦损失。

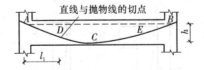

图 6-21　直线与抛物线相切布置

3）折线形布置。如图 6-22 所示，适用于集中荷载作用下的框架梁或开洞梁。其优点是可使预应力引起的等效荷载直接抵消部分垂直荷载和方便在梁腹中开洞，但不宜用于三跨及以上的预应力混凝土框架梁。

4）正反抛物线与直线混合布置。如图 6-23 所示，适用于需要减少边柱弯矩的情况。梁内除布置有正反抛物线外形的预应力筋外，还在梁底部配有直线形预应力筋。这种混合布置方式可使预应力筋产生的次弯矩对边柱造成有利的影响。

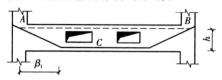

图 6-22　折线形布置

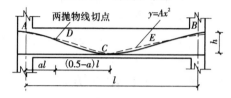

图 6-23　正反抛物线与直线混合布置

5）连续布置。如图 6-24 所示，适用于多跨连续梁。在垂直荷载作用下，框架内支座弯矩经边支座或边跨的弯矩约为非连续布置的 2 倍，内支座处宜采取加腋措施。

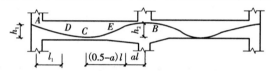

图 6-24　连续布置

6）连续与局部组合布置。如图 6-25 所示，适用于多跨连续梁，可使预应力筋的强度得到充分发挥。连续预应力筋可采用图 6-24 所示形状或折线形（但在内支座处应设置局部曲线段，以方便施工并减少摩擦损失），局部预应力筋可提高支座处的抗裂性能及抗弯承载能力。

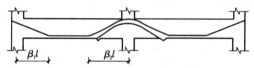

图 6-25　连续与局部组合布置

（4）预应力框架柱布筋形式。

1）两段抛物线形布置。这种布置方式的优点是与使用弯矩较为吻合，施工也较方便，但孔道摩擦损失较大，实践中较为常用。如图 6-26（a）所示。

2）斜直线形布置。这种布置方式的优点是与使用弯矩基本吻合，孔道摩擦损失较小，但千斤顶要斜放张拉。如图 6-26（b）所示。

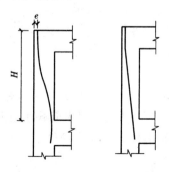

（a）两段抛物线式　　（b）斜直线式

图 6-26　框架柱预应力筋布置方式

五、无黏结预应力筋铺设

（1）一般要求。

1）无黏结预应力筋铺设前，对护套轻微破损处应采用防水聚乙烯胶带进行修补。每圈胶带搭接宽度不应小于胶带宽度的 1/2，缠绕层数不应少于 2 层，缠绕长度应超过破损长度 30 mm。严重破损的无黏结预应力筋应予报废。

2）平板中无黏结预应力筋的曲线坐标宜采用钢筋马凳控制，间距不宜大于 2.0 m。无黏结预应力筋铺设后应与马凳可靠固定。

板内控制无黏结预应力筋曲线坐标的统长马凳，通常可用 $\phi12$ mm 钢筋制作，要避免施工时踩踏变位。

3）平板中无黏结预应力筋带状布置时，应采取可靠的固定措施，保证同束中各根无黏结预应力筋具有相同的矢高。

4）双向平板中，宜先铺设竖向坐标较低方向的无黏结预应力筋，后铺方向的无黏结预应力筋遇到部分竖向坐标低于先铺无黏结预应力筋时应从其下方穿过。双向无黏结预应力筋的底层筋，在跨中处宜与底面双向钢筋的上层筋处在同一高度。

在双向平板中，无黏结预应力筋有两种铺设方法。一种是按编排顺序由下而上铺设，即首先计算交叉点处双向预应力筋的竖向坐标，确定最下方的预应力筋先铺，依次编排出所有预应力筋的铺设顺序；这种铺设方法不需要交叉穿束，但铺设顺序没有规律，会影响施工进度。另一种是先铺某一方向预应力筋，后铺方向的预应力筋在交叉点如有冲突，从先铺方向预应力筋下方穿过；这种铺设方法在交叉点处存在穿束，但条理清晰，易于掌握，且铺设速度快。为保证双向板内曲线无黏结预应力筋的矢高，又兼顾防火要求，应对无黏结预应力筋与板底和板面双向钢筋的交叉重叠关系确认后定出合理的铺设方式。

5）无黏结预应力筋张拉端的锚垫板可固定在端部模板上，或利用短钢筋与四周钢筋焊牢。锚垫板面应垂直于预应力筋。当张拉端采用凹入式做法时，可采用塑料穴模或其他穴模。

在无黏结预应力筋张拉端，如预应力筋与锚垫板不垂直，则易发生断丝。张拉端凹入混凝土端面时，采用塑料穴模的效果优于泡沫块或木盒等方法。

6）无黏结预应力筋固定端的锚垫板应事先组装好，按设计要求的位置可靠固定。

无黏结预应力筋埋入混凝土内的固定端通常采用挤压锚。当混凝土截面不大、钢筋较密时，多个挤压锚宜错开锚固，避免重叠放置，影响混凝土浇筑密实。

7）梁中无黏结预应力筋集束布置时，应采用钢筋支托控制其位置，支托间距宜为 1.0～1.5 m。同一束的各根筋宜保持平行走向，防止相互扭绞。

8）对竖向、环向或螺旋形布置的无黏结预应力筋，应有定位支架或其他构造措施控制位置。

9）在板内无黏结预应力筋绕过开洞处的铺设位置应符合有关的规定。

（2）无黏结筋铺放要点。

1）为保证无黏结筋的曲线矢高要求，无黏结筋应和同方向非预应力筋配置在同一水平位置（跨中和支座处）。

2）铺放前，应设铁马凳以控制无黏结筋的曲率，一般每隔 2 m 设一马凳，马凳的高度根据设计要求确定。跨中处可不设马凳，直接绑扎在底筋上。

3）双向曲线配置时，还应注意筋的铺放顺序。由于筋的各点起伏高度不同，必然会出现两向配筋交错相压。为避免铺放时穿筋，施工前必须进行编序。编序方法是将各向无黏结筋的交叉点处的标高（从板底至无黏结筋上皮的高度）标出，对各交叉点相应的两个标高分别进行比较，若一个方向某一筋的各点标高均分别低于与其相交的各筋相应点标高时，则此筋就可以先放置。按此规律找出铺放顺序。按此顺序，在非预应力筋底筋绑完后，将无黏结筋铺放在模板中。

4）无黏结筋应铺设在电线管的下面，避免无黏结筋张拉产生向下分力，导致电线管弯曲致使其下面混凝土破碎。

无黏结预应力工艺的介绍

无黏结预应力技术是预应力技术的一个重要分支与发展，无黏结预应力筋带有专用防腐油脂涂料层和聚乙烯（聚丙烯）外包层和钢绞线或7φ5钢丝束，预应力筋与混凝土不直接接触，预应力靠锚具传递，施工时，不需要预留孔道、穿筋、灌浆等工序，而是把预先组装好的无黏结筋在浇筑混凝土前，与非预应力筋一起按设计要求铺放在模板内，然后浇筑混凝土，待混凝土达到了强度后，利用无黏结筋与周围混凝土不黏结，在结构内可作纵向滑动的特点，进行张拉锚固，借助两端锚具，对结构施加预应力。它的最大优点是施工简便，多用于楼板结构中。

六、质量要求

（1）预应力筋的制作质量要求。

1）挤压锚具制作时压力表油压应符合操作说明书的规定，挤压后预应力筋外端应露出挤压套筒1~5 mm。

2）钢绞线压花锚成形时，表面应清洁、无油污，梨形头尺寸和直线段长度应符合设计要求。

3）钢丝镦头的强度不得低于钢丝强度标准值的98%。

（2）预应力筋的安装质量要求。

1）预应力筋安装时，其品种、级别、规格与数量必须符合设计要求。

2）先张法预应力施工时应选用非油质类模板隔离剂，并应避免沾污预应力筋。

3）施工过程中应避免电火花损伤预应力筋；受损伤的预应力筋应予以更换。

4）预应力筋束形（孔道）控制点的竖向位置允许偏差应符合表6-5的规定。

5）无黏结预应力筋的铺设，除应符合上述4）条的规定外，还应符合下列要求：

表6-5 预应力筋束形（孔道）控制点的竖向位置允许偏差

构件截面厚度或高度	$h \leqslant 300$	$300 < h \leqslant 1\ 500$	$h > 1\ 500$
允许偏差	±5	±10	±15

注：束形控制点的竖向位置偏差合格点率应达到90%，且不得有超过表中数值1.5倍的尺寸偏差。

①预应力筋孔道或无黏结预应力筋的定位应牢固，浇筑混凝土时不应出现移位和变形；

②端部的预埋锚垫板应垂直于预应力筋；

③内埋式固定端垫板不应重叠，锚具与垫板应贴紧；

④无黏结预应力筋护套应完整；局部破损处应采用防水胶带缠绕紧密；

⑤浇筑混凝土前穿入孔道的后张法有黏结预应力筋，宜采用防止锈蚀的措施。

第四节　张拉和放张

一、准备工作

（1）预应力筋张拉设备和仪表应满足预应力筋张拉或放张的要求，且应定期维护和标定。张拉用千斤顶和压力表应配套标定、配套使用。标定时千斤顶活塞的运行方向应与实际张拉工作状态一致。张拉设备的标定期限不应超过半年。当张拉设备出现不正常现象时或千斤顶检修后，应重新进行标定。

预应力筋张拉设备和仪表应根据预应力筋种类、锚具类型和张拉力合理选用。张拉设备的正常使用范围宜为 25%～90% 额定张拉力。张拉设备行程一般不受限制，如锚具对重复张拉有限制时，应选用合适行程的张拉设备。张拉设备在正常情况下使用时，一般与标定状态相同；当油管超长、超高时，应单独标定。油泵用液压油黏度有明显变化时，也应重新标定。张拉用压力表的直径宜采用 150 mm，其精度不应低于 1.6 级。标定张拉设备的试验机或测力计精度不应低于 ±2%。千斤顶用于张拉预应力筋时，应标定千斤顶进油的主动工作状态；用于预应力筋固定端测试孔道摩阻或其他显示回程压力时，应标定试验机压千斤顶的被动工作状态。

（2）预应力筋张拉或放张时，混凝土强度应符合设计要求；当设计无具体要求时，不应低于设计采用的混凝土强度等级的 75%。现浇结构施加预应力时，混凝土的龄期：对后张楼板不宜小于 $5d$，对后张大梁不宜小于 $7d$。为防止混凝土出现早期裂纹而施加预应力，可不受上述限制。

预应力筋张拉力是由锚固区传递给结构，因此张拉或放张时实体结构应达到设计要求的强度，满足锚固区局部受压承载力的要求。早龄期施加预应力的构件由于弹性模量低，会产生较大的压缩变形和徐变，因此规定，对后张楼板不宜小于 $5d$，对后张大梁不宜小于 $7d$。

（3）锚具安装前，应清理锚垫板端面的混凝土残渣和喇叭管内的杂物，且应检查锚垫板后的混凝土密实性，同时应清理预应力筋表面的浮锈和渣土。

锚垫板端面、喇叭管内和预应力筋表面应清理干净，保证张拉和锚固质量，防止出现断丝和滑丝现象。

（4）锚具安装时锚板应对中，夹片应夹紧且缝隙均匀。

（5）张拉设备安装时，对直线预应力筋，应使张拉力的作用线与预应力筋中心线重合；对曲线预应力筋，应使张拉力的作用线与预应力筋中心线末端的切线重合。

（6）预应力筋张拉前，应计算所需张拉力、压力表读数、张拉伸长值，并说明张拉顺序和方法，填写张拉申请单。

二、预应力筋张拉

预应力筋张拉应根据设计要求，采用合适的张拉方法、张拉顺序、张拉设备及张拉程序进行，并应有可靠的保证质量措施和安全技术措施。

预应力筋的张拉可采用单根张拉或多根同时张拉。当预应力筋数量不多，张拉设备拉力有限时，常采用单根张拉。当预应力筋数量较多，且张拉设备拉力较大时，则可采用多根同时张拉。在确定预应力筋的张拉顺序时，应考虑尽可能减少倾覆力矩和偏心力，应先张拉靠近台座截面重心处的预应力筋。

（1）一般要求。

1）预应力构件的张拉顺序，应根据结构受力特点、方便施工、安全操作等因素确定。对现浇预应力混凝土楼面结构，宜先张拉楼板、次梁，后张拉主梁。对预制屋架等平卧叠浇构件，应从上而下逐个张拉。预应力构件中预应力筋的张拉顺序，应遵循对称张拉原则。

预应力筋的张拉顺序应使混凝土不产生超应力、构件不扭转与侧弯、结构不变位，因此，对称张拉是一个重要原则。同时，还应考虑到尽量减少张拉设备的移动次数。当构件截面平行配置的两束预应力筋不同时张拉，其张拉力相差不应大于设计值的 50%，即先将第 1 束张拉 0～50% 的力，再将第 2 束张拉 0～10% 的力，最后将第 1 束张拉 50%～100% 的力。

2）预应力筋的张拉方法，应根据设计和施工计算要求采取一端张拉或两端张拉。采用两端张拉时，宜两端同时张拉，也可一端先张拉，另端补张拉。

直线预应力筋应采取一端张拉。曲线预应力筋锚固时由于孔道反向摩擦的影响，张拉端锚固损失最大，沿构件长度逐步减至零。当锚固损失的影响长度 $I_f \geqslant L/2$（L 为构件长度）时，张拉端锚固后预应力筋的应力等于或小于固定端的应力，应采取一端张拉。当 $I_f < L/2$ 时，应采取两端张拉，但对简支构件或采取超张拉措施满足固定端拉力后，也可改用一端张拉。

3）对同一束预应力筋，应采用相应吨位的千斤顶整束张拉。对直线形或平行排放的预应力钢绞线束，在各根钢绞线不受叠压时，也可采用小型千斤顶逐根张拉。

在一般情况下，对同一束预应力筋应采取整束张拉，使各根预应力筋建立的应力比较均匀。在一些特殊情况下（如张拉千斤顶吨位不足，张拉端局部受压承载力不够，或张拉空间受限制等），对扁锚束、直线束或弯曲角度不大的单波曲线束，可采取单根张拉。

4）预应力筋的张拉步骤，应从零应力加载至初拉力，测量伸长值初读数，再以均匀速度分级加载、分级测量伸长值至终拉力。钢绞线束张拉至终拉力时，宜持荷 2 min。

5）采用应力控制方法张拉时，应校核预应力筋张拉伸长值。实际伸长值与计算伸长值的偏差不应超过 ±6%。如超过允许偏差，应查明原因并采取措施后方可继续张拉。

6）对特殊预应力构件或预应力筋，应根据设计和施工要求采取专门的张拉工艺，如分阶段张拉、分批张拉、分级张拉、分段张拉、变角张拉等。

分阶段张拉是指在后张传力梁中，为了平衡各阶段的荷载，采取分阶段施加预应力的方法。分批张拉是指不同束号先后错开张拉的方法。分级张拉是指同一束号按不同程度张拉的方法。分段张拉是指多跨连续梁分段施工时，统长的预应力筋需要逐段张拉的方法。变角张拉工艺是指张拉作业受到空间限制，需要在张拉端锚具前安装变角块，使预应力筋改变一定的角度后进行张拉的工艺。经实际测试，变角 10°～25° 时，应超张拉 2%～3%；变角 25°～40° 时，应超张拉 5%，以弥补预应力损失。

7）对多波曲线预应力筋，可采取超张拉回松技术来提高内支座处的张拉应力，并降低锚具下口的张拉应力。

8）先张法预应力筋可采用单根张拉或成组张拉。当采用成组张拉时，应预先调整初应力。

9）钢桁架施加预应力宜在该桁架和部分支撑安装就位后进行。根据钢桁架承担的荷载情况，可采取一次张拉或多次张拉。

10）预应力筋张拉时，应对张拉力、压力表读数、张拉伸长值、异常现象等做详细记录。

（2）张拉控制应力。

　　预应力筋的张拉工作是预应力施工中的关键工序，应严格按设计要求进行。预应力筋张拉控制应力的大小直接影响预应力效果，影响到构件的抗裂度和刚度，因此控制应力不能过低。但是，控制应力也不能过高，不允许超过其屈服强度，以使预应力筋处于弹性工作状态。否则会使构件出现裂缝的荷载与破坏荷载很接近，这是很危险的。

　　过大的超张拉会造成反拱过大，预拉区出现裂缝也是不利的。预应力筋的张拉控制应力应符合设计要求。当施工中预应力筋需要超张拉时，可比设计要求提高 5%，但其最大张拉控制应力不得超过表 6-6 的规定。

表 6-6　最大张拉控制应力允许值

钢筋种类	张拉方法	
	先张法	后张法
碳素钢丝、刻痕钢丝、钢绞线	$0.80 f_{ptk}$	$0.75 f_{ptk}$
冷拔低碳钢丝、热处理钢筋	$0.75 f_{ptk}$	$0.70 f_{ptk}$
冷拉热轧钢筋	$0.95 f_{ptk}$	$0.90 f_{ptk}$

　　注：f_{ptk} 为极限强度标准值（MPa）。

　　钢丝、钢绞线属于硬钢，冷拉热轧钢筋属于软钢。硬钢和软钢可根据它们是否存在屈服点来划分，由于硬钢无明显屈服点，塑性较软钢差，所以其控制应力系数较软钢低。

　　（3）张拉程序。预应力筋张拉程序有以下两种：

　　1）$0 \rightarrow 105\% \sigma_{con} \rightarrow$ 持荷 2 min $\rightarrow \sigma_{con}$。

　　2）$0 \rightarrow 103\% \sigma_{con}$。

　　以上两种张拉程序是等效的，施工中可根据构件设计标明的张拉力大小、预应力筋与锚具品种、施工速度等选用。

　　预应力筋进行超张拉（103%～105%控制应力）主要是为了减少松弛引起的应力损失。所谓应力松弛是指钢材在常温高应力作用下，由于塑性变形使应力随时间延续而降低的现象。这种现象在张拉后的头几分钟内发展得特别快，往后则趋于缓慢。例如，超张拉 5% 并持荷 2 min，再回到控制应力，松弛已完成 50% 以上。

　　（4）张拉力。预应力筋的张拉力根据设计的张拉控制应力与钢筋截面积及超张拉系数之积而定。

$$N = m\sigma_{con}A_y$$

式中　N——预应力筋张拉力（N）；

　　　m——超张拉系数，1.03～1.05；

　　　σ_{con}——预应力筋张拉控制应力（MPa）；

　　　A_y——预应力筋的截面积（mm^2）。

　　预应力筋张拉锚固后实际应力值与工程设计规定检验值的相对允许偏差为±5%。预应力钢丝的应力可利用 2CN-1 型钢丝测力计或半导体频率测力计测量。

　　张拉时为避免台座承受过大的偏心压力，应先张拉靠近台座面重心处的预应力筋，再轮流对称张拉两侧的预应力筋。

　　（5）张拉伸长值校核。采用应力控制方法张拉时，应校核预应力筋的伸长值，如实际伸长值比计算伸长值大于 10% 或小于 5%，应暂停张拉，在查明原因、采用措施予以调整后，方可继续张拉。预应力筋的计算伸长值 Δl 可按下式计算：

$$\Delta l = \frac{F_p \cdot l}{A_p \cdot E_s}$$

式中 F_p——预应力筋的平均张拉力（kN），直线筋取张拉端的拉力；两端张拉的曲线筋，
　　　　　取张拉端的拉力与跨中扣除孔道摩阻损失后拉力的平均值；

　　　 A_p——预应力筋的截面面积（mm²）；

　　　 l——预应力筋的长度（mm）；

　　　 E_s——预应力筋的弹性模量（kN（mm²））。

　　预应力筋的实际伸长值，宜在初应力为张拉控制应力 10% 左右时开始量测，但必须加上初应力以下的推算伸长值；对后张法，还应扣除混凝土构件在张拉过程中的弹性压缩值。

　　（6）预应力筋张拉。

　　1）单根预应力钢筋张拉，可采用 YC18、YC200、YC60 或 YL60 型千斤顶在双横梁式台座或钢模上单根张拉，用螺杆式夹具或夹片锚固。热处理钢筋或钢绞线用优质夹片或夹具锚固。

　　2）在三横梁式或四横梁式台座上生产大型预应力构件时，可采用台座式千斤顶成组张拉预应力钢筋（图 6-27）。张拉前应调整初应力（可取 5%～10% σ_{con}），使每根均匀一致，然后再进行张拉。

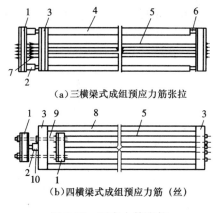

（a）三横梁式成组预应力筋张拉

（b）四横梁式成组预应力筋（丝）

图 6-27　预应力筋张拉

1—活动横梁；2—千斤顶；3—固定横梁；4—槽式台座；5—预应力筋（丝）；

6—放松装置；7—连接器；8—台座传力柱；9—大螺杆；10—螺母

　　3）单根冷拔低碳钢丝张拉可采用 10 kN 电动螺杆张拉机或电动卷扬张拉机，用弹簧测力计测力，用锥锚式夹具锚固 [图 6-28（a）]。单根刻痕钢丝可采用 20～30 kN 电动卷扬张拉机单根张拉，并用优质锥销式夹具或镦头螺杆夹具锚固 [图 6-28（b）]。

　　4）在预制厂以机组流水法生产预应力多孔板时，可在钢模上用镦头梳筋板夹具成批张拉。张拉时钢丝两端镦粗，一端卡在固定梳筋板上，另一端卡在张拉端的活动梳筋板上，通过张拉钩和拉杆式千斤顶进行成组张拉。

　　5）单根张拉钢筋（丝）时，应按对称位置进行，并考虑下批张拉所造成的预应力损失。

　　6）多根预应力筋同时张拉时，必须事先调整初应力，使其相互间的应力一致。张拉过程中，应抽查预应力值，其偏差不得大于或小于一个构件全部钢丝预应力总值的 5%；其断丝或滑丝数量不得大于钢丝总数的 3%。

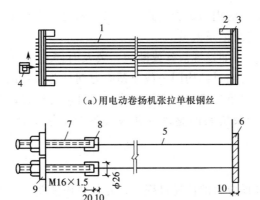

（a）用电动卷扬机张拉单根钢丝

（b）用镦头螺杆夹具固定单根刻痕钢丝

图 6-28　单根钢丝及刻痕钢丝张拉

1—冷拔低碳钢丝；2—台墩；3—钢横梁；4—电动卷扬张拉机；
5—刻痕钢丝；6—锚板；7—螺杆；8—锚杯；9—U 形垫板

7）锚固阶段张拉端预应力筋的内缩量不宜大于表 6-7 的规定。

表 6-7　锚固阶段张拉端预应力筋的内缩量允许值

锚具类别	内缩量允许值（mm）
支承式锚具（镦头锚、带有螺丝端杆的锚具等）	1
锥塞式锚具	5
夹片式锚具	5
每块后加的锚具垫板	1

注：1. 内缩量值系指预应力筋锚固过程中，由于锚具零件之间和锚具与预应力筋之间相对移动和局部塑性变形造成的回缩量。

2. 当设计对锚具内缩量允许值有专门规定时，可按设计规定确定。

8）张拉应以稳定的速率逐渐加大拉力，并保证使拉力传到台座横梁上，而不应使预应力筋或夹具产生次应力（如钢丝在分丝板、横梁或夹具处产生尖锐的转角或弯曲）。锚固时，敲击锥塞或楔块应先轻后重；与此同时，倒开张拉机，放松钢丝，两者应密切配合，既要减少钢丝滑移，又要防止锤击力过大，导致钢丝在锚固夹具与张拉夹具处受力过大而断裂。张拉设备应逐步放松。

（7）张拉注意事项。

1）张拉前应先查混凝土试块的强度资料，确认混凝土强度达到张拉时的要求，才可进行张拉施工。

2）张拉前要检查模板有无下沉现象，构件（梁等）有无裂缝等质量问题和混凝土疵病。如问题严重应研究处理，不应轻率进行张拉。

3）对张拉设备及锚具进行检查校验。

4）制定施工安全措施。张拉时，正对钢筋两端禁止站人。敲击锚具的锥塞或楔块时，不能用力过猛，以免预应力筋断裂伤人，但要锚固可靠。当气温低于 2℃时，尤应考虑预应力筋容易脆断的危险。

张拉后为了检验各钢丝的内力是否一致，可采用测力计测定钢丝的内力。

5）准备张拉记录表格及记录人员。

6）注意张拉中的情况，如发现滑丝或断裂，要及时停止张拉进行检查。规范中规定对后张法构件，断、滑丝严禁超过结构同一截面预应力钢材总根数的 3%，且一束钢丝只允许一根。当超过上述规定，要重新换预应力筋，或对锚具进行检查，无误后才可再恢复施工。

7）张拉完毕要进行记录资料的整理，并检查各个结果是否正常，最后作为技术资料归档。

三、预应力筋放张

预应力筋放张过程是预应力的传递过程，是先张法构件能否获得良好质量的一个重要生产过程。应根据放张要求，确定合适的放张顺序、放张方法及相应的技术措施。

（1）一般规定。

1）先张法预应力筋的放张顺序应符合设计要求；当设计无具体要求时，可按下列规定放张。

①对承受轴心预压力的构件（如压杆、桩等），所有预应力筋应同时放张。

②对承受偏心预压力的构件（如梁等），应先同时放张预压力较小区域的预应力筋，后同时放张预压力较大区域的预应力筋。

③当不能按上述规定放张时，应分阶段、对称、相互交错放张。

2）先张法预应力筋宜采取缓慢放张方法，可采用千斤顶或螺杆等机具进行单独或整体放张。

3）后张法预应力筋张拉锚固后，如遇到特殊情况需要放张，宜在工作锚上安装拆锚器，采用小型千斤顶逐根放张。

4）后张法预应力结构拆除或开洞时，应有专项预应力放张方案，防止高应力状态的预应力筋弹出伤人。

5）预应力筋放张应有详细记录。

（2）放张要求。先张法施工的预应力筋放张时，预应力混凝土构件的强度必须符合设计要求。设计无要求时，其强度不低于设计的混凝土强度标准值的 75%。过早放张预应力筋会引起较大的预应力损失或使预应力钢丝产生滑动。对于薄板等预应力较低的构件，预应力筋放张时混凝土的强度可适当降低。预应力混凝土构件在预应力筋放张前要对试块进行试压。

预应力混凝土构件的预应力筋为钢丝时，放张前，应根据预应力钢丝的应力传递长度，计算出预应力钢丝在混凝土内的回缩值，以检查预应力钢丝与混凝土的黏结效果。若实测的回缩值小于计算的回缩值，则预应力钢丝与混凝土的黏结效果满足要求，可进行预应力钢丝的放张。

预应力钢丝理论回缩值，可按下面公式进行计算。

$$a = \frac{1}{2} \cdot \frac{\sigma_{y1}}{E_s} \cdot l_a$$

式中　　a——预应力钢丝的理论回缩值（mm）；

σ_{y1}——第一批损失后，预应力钢丝建立起来的有效预应力值（MPa）；

E_s——预应力钢丝的弹性模量（MPa）；

l_a——预应力钢筋传递长度（mm），见表6-8。

表 6-8　预应力钢筋传递长度 l_a

项次	钢筋种类	放张时混凝土强度			
		C20	C30	C40	≥C50
1	刻痕钢丝 $d<5$ mm	150d	100d	65d	50d
2	钢绞线 $d=7.5\sim15$ mm	—	85d	70d	70d
3	冷拔低碳钢丝 $d=3\sim5$ mm	110d	90d	80d	80d

注：1. 确定传递长度 l_a 时，表中混凝土强度等级应按传力锚固阶段混凝土立方体抗压强度确定。

2. 当刻痕钢丝的有效预应力值 σ_{y1} 大于或小于 1 000 MPa 时，其传递长度应根据本表项次 1 的数值按比例增减。

3. 当采用骤然放张预应力钢筋的施工工艺时，l_a 的起点应从距离构件末端 $0.25l_a$ 处开始计算。

4. 冷拉 HRB335、HRB400 级钢筋的传递长度 l_a 可不考虑。

5. d 为钢筋（丝）的直径。

预应力钢丝实测的回缩值，必须在预应力钢丝的应力接近 σ_{y1} 时进行测定。

（3）放张顺序。为避免预应力筋放张时对预应力混凝土构件产生过大的冲击力，引起构件端部开裂、构件翘曲和预应力筋断裂，预应力筋放张必须按下述规定进行。

1）对配筋不多的预应力钢丝混凝土构件，预应力钢丝放张可采用剪切、割断和熔断的方法逐根放张，并应自中间向两侧进行。对配筋较多的预应力钢丝混凝土构件，预应力钢丝放张应同时进行，不得采用逐根放张的方法，以防止最后的预应力钢丝因应力增加过大而断裂或使构件端部开裂。

2）对预应力钢筋混凝土构件，预应力钢筋放张应缓慢进行。预应力钢筋数量较少，可逐根放张；预应力钢筋数量较多，则应同时放张。对于轴心受压的预应力混凝土构件，预应力筋应同时放张。对于偏心受压的预应力混凝土构件，应先同时放张预压应力较小区域的预应力筋，后同时放张预压应力较大区域的预应力筋。

3）如果轴心受压或偏心受压预应力混凝土构件，不能按上述规定进行预应力筋放张，则应采用分阶段、对称、相互交错的放张方法，以防止在放张过程中，预应力混凝土构件发生翘曲、出现裂缝和预应力筋断裂等现象。

4）采用湿热养护的预应力混凝土构件宜热态放张，不宜降温后放张。

（4）放张方法。可采用千斤顶、楔块、螺杆张拉架或砂箱等工具（图 6-29）。

对于预应力混凝土构件，为避免预应力筋一次放张时，对构件产生过大的冲击力，可利用楔块或砂箱装置进行缓慢的放张方法。

楔块装置放置在台座与横梁之间，放张预应力筋时，旋转螺母使螺杆向上运动，带动楔块向上移动，横梁向台座方向移动，预应力筋得到放松。

砂箱装置放置在台座与横梁之间。砂箱装置由钢制的套箱和活塞组成，内装石英砂或铁砂。预应力筋放张时，将出砂口打开，砂缓慢流出，从而使预应力筋慢慢地放张。

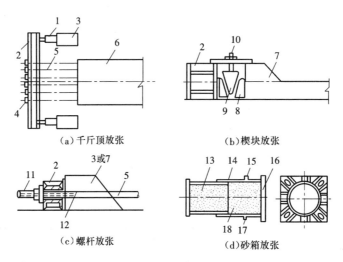

(a) 千斤顶放张　　　　　　　　(b) 楔块放张

(c) 螺杆放张　　　　　　　　(d) 砂箱放张

图 6-29　预应力筋（丝）的放张方法

1—千斤顶；2—横梁；3—承力支架；4—夹具；5—预应力钢筋（丝）；6—构件；

7—台座；8—钢块；9—钢楔块；10—螺杆；11—螺纹端杆；12—对焊接头；

13—活塞；14—钢箱套；15—进砂口；16—箱套底板；

17—出砂口；18—砂子

先张法与后张法的介绍

一、先张法

先张法是在浇筑混凝土前张拉预应力筋，并将张拉的预应力筋临时固定在台座或钢模上，然后才浇筑混凝土。待混凝土达到一定强度（一般不低于设计强度等级的 75%），保证预应力筋与混凝土有足够黏结力时，放松预应力筋，借助于混凝土与预应力筋的黏结，使混凝土产生预压应力。

（1）先张法特点。优点：构件配筋简单，不需锚具，省去预留孔道、拼装、焊接、灌浆等工序，一次可制成多个构件，生产效率高，可实行工厂化、机械化生产，便于流水作业，可制成各种形状构件等。

缺点：需建长线台座，占地面积大；如采取在特制的钢模上张拉，设备较多，投资较高，生产操作较复杂，养护期较长；为提高台座和模板周转率，常需蒸养；对于大型构件运输不便，灵活性差，生产受到一定限制。

（2）先张法适用范围。先张法适用于预制厂或现场集中成批生产各种中小型预应力混凝土构件，如起重机梁、屋架、过梁、基础梁、檩条、屋面板、槽形板、多孔板等，特别适于生产冷拔低碳钢丝混凝土构件。

二、后张法

后张法是先制作混凝土构件（或块体），并在预应力筋的位置预留出相应的孔道，待混凝土强度达到设计规定数值后，穿预应力筋（束），用张拉机进行张拉，并用锚具将预应力筋（束）锚固在构件的两端，张拉力即由锚具传给混凝土构件，而使之产生预压应力，张拉完毕在孔道内灌浆。

　　（1）后张法特点。后张法的特点是直接在构件上张拉预应力筋，构件在张拉预应力筋过程中，完成混凝土的弹性压缩，其生产示意见图 6-30。因此，混凝土的弹性压缩不直接影响预应力筋有效预应力值的建立。后张法适用于在施工现场制作大型构件（如屋架等），以避免大型构件长途运输的麻烦。后张法除作为一种预加应力的工艺方法外，还可作为一种预制构件的拼装手段。大型构件（如拼装式屋架）可以预制成小型块体，运至施工现场后，通过预加应力的手段拼装成整体；或各种构件安装就位后，通过预加应力手段，拼装成整体预应力结构。但后张法预应力的传递主要依靠预应力筋两端的锚具。锚具作为预应力筋的组成部分，永远留在构件上，不能重复使用。这样，不仅需要多耗用钢材，而且锚具加工要求高，费用较昂贵，加上后张法工艺本身要预留孔道、穿筋、灌浆等工序，故施工工艺比较复杂，成本也比较高。

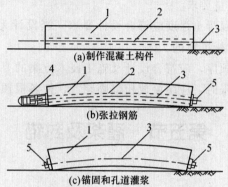

图 6-30　预应力混凝土后张法生产示意图
1—混凝土构件；2—预留孔道；3—预应力筋；4—千斤顶；5—锚具

　　（2）后张法适用范围。

　　1）适用于在现场预制大型构件；运输条件许可的可以在工厂预制。

　　2）亦适用于现浇整体结构。

四、质量要求

　　（1）预应力筋的张拉质量要求。

　　1）预应力筋张拉时，混凝土强度应符合设计要求；当设计无要求时，不应低于设计的混凝土立方体抗压强度标准值的 75%。

　　2）预应力筋的张拉力、张拉顺序和张拉工艺应符合设计及施工技术方案的要求并应符合下列规定。

　　①当施工需要超张拉时，最大张拉力不应大于国家现行标准《混凝土结构设计规范》（GB 50010—2010）的规定。

　　②张拉工艺应能保证同一束中各根预应力筋的应力均应一致。

　　③后张法施工中，当预应力筋是逐根或逐束张拉时，应保证各阶段不出现对结构不利的应力状态；同时宜考虑后批张拉预应力筋所产生的结构构件的弹性压缩对先批张拉预应力筋的影响，确定张拉力。

　　④当采用应力控制方法张拉时，应校核预应力筋的伸长值。实际伸长值与设计计算理论伸长值的相对允许偏差为 ±6%。

3）预应力筋张拉过程中应避免断裂或滑脱。如发生断裂或滑脱，对后张法预应力结构构件，断裂或滑脱的数量严禁超过同一截面上预应力筋总根数的3％，且每束钢丝不超过1根；对多跨双向连续板，同一截面应按每年跨计算；对先张法预应力构件，在浇筑混凝土前发生断裂或滑脱的预应力筋必须予以更换。

4）锚固阶段张拉端预应力筋的内缩量，应符合设计要求；当设计无具体要求时，应符合《混凝土结构工程施工质量验收规范》（GB 50204—2002）中表6.4.5的规定。

5）预应力筋锚固后，实际建立的预应力值与工程设计规定检验值的相对允许偏差为±5％。

6）先张法预应力筋张拉后与设计位置的偏差不得大于5 mm，且不得大于构件截面短边边长的4％。

（2）预应力筋的放张质量要求。

1）预应力筋放张时，混凝土强度应符合设计要求；当设计无具体要求时，不应低于设计的混凝土立方体抗压强度标准值的75％。

2）先张法构件的放张顺序，应符合设计及施工技术方案的要求。

3）先张法预应力筋放张时，应缓慢放松锚固装置，使各根预应力筋同时缓慢放松。

第五节　灌浆及封锚

一、准备工作

（1）后张法中黏结预应力筋张拉完毕并经检查合格后，应尽早灌浆。

（2）灌浆前应全面检查预应力筋孔道、灌浆孔、排气孔、泌水管等是否畅通。对抽芯成型的混凝土孔道宜用水冲洗后灌浆；对预埋管成型的孔道不得用水冲洗孔道，必要时可采用压缩空气清孔。

（3）灌浆设备的配备必须确保连续工作的条件，根据灌浆高度、长度、形态等条件选用合适的灌浆泵。灌浆泵应配备计量校验合格的压力表。灌浆前应检查配套设备、输浆管和阀门的可靠性。在锚垫板上灌浆孔处宜安装单向阀门。注入泵体的水泥浆应经筛滤，滤网孔径不宜大于2 mm。与输浆管连接的出浆孔孔径不宜小于10 mm。

（4）灌浆前，对锚具夹片空隙和其他可能漏浆处需采用高强度等级水泥浆或结构胶等封堵，待封堵料达到一定强度后方可灌浆。

二、制浆要求

（1）孔道灌浆用水泥浆应采用普通硅酸盐水泥和水拌制。水泥浆的水灰比不应大于0.42，拌制后3 h泌水率不宜大于2％，且不应大于3％，泌水应在24 h内全部重新被水泥浆体吸收。

（2）水泥浆中宜掺入高性能外加剂。严禁掺入各种含氯盐或对预应力筋有腐蚀作用的外加剂。掺外加剂后，水泥浆的水灰比可降为0.35～0.38。所采购的外加剂应与水泥做适应性试验并确定掺量后，方可使用。

（3）水泥浆的可灌性以流动度控制：采用流淌法测定时应为130～180 mm，采用流锥法测定时应为12～18 s。

（4）水泥浆应采用机械拌制，应确保灌浆材料搅拌均匀。水泥浆停留时间过长发生沉淀离析时，应进行二次搅拌。

三、灌浆工艺

（1）一般要求。

1）灌浆顺序宜先灌下层孔道，后灌上层孔道。灌浆应缓慢连续进行，不得中断，并应排气通顺。在灌满孔道封闭排气孔后，应再继续加压至 0.5～0.7 MPa，稳压 1～2 min 后封闭灌浆孔。当发生孔道阻塞、串孔或中断灌浆时，应及时冲洗孔道或采取其他措施重新灌浆。

2）当孔道直径较大，采用不掺微膨胀剂或减水剂的水泥浆灌浆时，可采用下列措施。

①二次压浆法。二次压浆的间隔时间可为 30～45 min。

②重力补浆法。在孔道最高点 400 mm 以上，连续不断补浆，直至浆体不下沉为止。

3）采用连接器连接的多跨连续预应力筋的孔道灌浆，应在连接器分段的预应力筋张拉后随即进行，不得在各分段全部张拉完毕后一次连续灌浆。

4）竖向孔道灌浆应自下而上进行，并应设置阀门，阻止水泥浆回流。为确保其灌浆密实性，除掺微膨胀减水剂外，并应采用重力补浆。

5）对超长、超高的预应力筋孔道，宜采用多台灌浆泵接力灌浆，接力灌浆时应从前置灌浆孔灌浆，直至后置灌浆孔冒浆，后置灌浆孔方可续灌。

6）灌浆孔内的水泥浆凝固后，应将泌水管等切至构件表面；如管内有空隙，应仔细补浆。

7）当室外温度低于 5℃时，孔道灌浆应采取抗冻保温措施。当室外温度高于 35℃时，宜在夜间进行灌浆。水泥浆灌入前的温度不应超过 35℃。

8）孔道灌浆应填写施工记录，标明灌浆日期、水泥品种、强度等级、配合比、灌浆压力和灌浆情况。

（2）孔道灌浆。有黏结的预应力，其管道内必须灌浆，灌浆需要设置灌浆孔（或泌水孔），从经验得出设置泌水孔道的曲线预应力管道的灌浆效果好。一般一根梁上设三个点为宜，灌浆孔宜设在低处，泌水孔可相对高些，灌浆时可使孔道内的空气或水从泌水孔顺利排出。位置如图 6-31 所示。

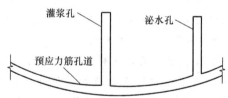

图 6-31　灌浆孔、泌水孔设置示意图

在波纹管安装固定后，用钢锥在波纹管上凿孔，再在其上覆盖海绵垫片与带嘴的塑料弧形压板，用钢丝绑扎牢固，再用塑料管接在嘴上，并将其引出梁面 40～60 mm。

预应力筋张拉、锚固完成后，应立即进行孔道灌浆工作，防止锈蚀，以增加结构的耐久性。

灌浆用的水泥浆，除应满足强度和黏结力的要求外，应具有较大的流动性和较小的干缩性、泌水性。应采用强度等级不低于 42.5 级普通硅酸盐水泥；水灰比宜为 0.4 左右。对于空隙大的孔道可采用水泥砂浆灌浆，水泥浆及水泥砂浆的强度均不得小于 20 MPa。为增加灌浆密实度和强度，可使用一定比例的膨胀剂和减水剂。减水剂和膨胀剂均应事前检验，不得含有导致预应力钢材锈蚀的物质。建议拌和后的收缩率应小于 2%，自由膨胀率不大于 5%。

灌浆前孔道应湿润、洁净。对于水平孔道，灌浆顺序应先灌下层孔道，后灌上层孔道。

对于竖直孔道，应自下而上分段灌注，每段高度视施工条件而定，下段顶部及上段底部应分别设置排气孔和灌浆孔。灌浆压力以 0.5～0.6 MPa 为宜。灌浆应缓慢均匀地进行，不得中断，并应排气通畅。不掺外加剂的水泥浆，可采用二次灌浆法，以提高密实度。

孔道灌浆前应检查灌浆孔和泌水孔是否通畅。灌浆前孔道应用高压水冲洗、湿润，并用高压风吹去积在低点的水，孔道应畅通、干净。灌浆应先灌下层孔道，对一条孔道必须在一个灌浆口一次把整个孔道灌满。灌浆应缓慢进行，不得中断，并应排气通顺；在灌满孔道并封闭排气孔（泌水口）后，宜再继续加压至 0.5～0.6 MPa，稍后再封闭灌浆孔。

如果遇到孔道堵塞，必须更换灌浆口，此时，必须在第二灌浆口灌入整个孔道的水泥浆量，直至把第一灌浆口灌入的水泥浆排出，使两次灌入水泥浆之间的气体排出，以保证灌浆饱满密实。

冬期施工灌浆，要求把水泥浆的温度提高到 20℃ 左右。并掺些减水剂，以防止水泥浆中的游离水造成冻害裂缝。

孔道灌浆的介绍

预应力筋张拉后，孔道应尽早灌浆，以免预应力筋锈蚀。

（1）灌浆材料与设备要求。

孔道灌浆一般采用水泥浆，水泥应采用普通硅酸盐水泥，配制的水泥浆或砂浆强度不应低于 30 MPa。水灰比一般宜采用 0.4～0.45，可掺入适量膨胀剂。

灌浆可采用电动或手动灌浆泵，不得使用压缩空气。灌浆用的设备包括：灰浆搅拌机、灌浆泵、储浆桶、过滤器、橡胶管和喷浆嘴等。灌浆嘴必须接上阀门，以保证安全和节省灰浆。橡胶管宜用带 5～7 层帆布夹层的厚胶管。

（2）灌浆工艺要求。

灌浆前，首先要进行机具准备和试车。对孔道应进行检查，如有积水应排除干净。灌浆顺序宜先灌注下层孔道，后灌注上层孔道。灌浆工作应缓慢均匀地进行，不得中断，并应排气通顺。灌浆操作时，灰浆泵压力取为 0.4～1.0 MPa。孔道较长或输浆管较长时间宜长些，反之可短些。灌浆进行到排气孔冒出浓浆时，即可堵塞此处的排气孔，再继续加压至 0.5～0.6 MPa，稳压一定时间后再封闭灌浆孔。

对于曲线孔道，灌浆口应设在低点处，这样可使孔道内的空气、水从泌水管中排出，保证灌浆质量。但应注意不要将灌浆口设在孔道的最低处，因为预应力筋张拉后向上抬起，贴近灌浆口，使水泥浆难以灌入，所以应将灌浆口设置在稍微偏离孔道的正上方，避开预应力筋，使灌浆工作顺利进行。

灌浆口的间距：对于预埋金属螺旋管不宜大于 30 mm，抽芯成形孔道不宜大于 12 m。

对于一条孔道，必须在一个灌浆口一次把整个孔道灌满，才能保证孔道灌浆饱满密实。如在施工中，孔道堵塞，必须更换灌浆口时，则必须在第二个灌浆口内灌入整个孔道的水泥浆量，把第一次灌入的水泥浆全部排出，才能保证灌浆质量。

凡是制作时需要预先起拱的后张法构件，预留孔道也应随构件同时起拱。

灌浆应缓慢、均匀地进行。比较集中和邻近的孔道，宜尽量连续灌浆完成，以免串到邻孔的水泥浆凝固、堵塞孔道。不能连续灌浆时，后灌浆的孔道应在灌浆前用压力水冲洗通畅。

孔道灌浆应填写施工记录。

四、真空辅助灌浆

（1）真空辅助灌浆除采用传统的灌浆设备外，还需配备真空泵及其配件等。

（2）真空辅助灌浆的孔道应具有良好的密封性。

（3）真空辅助灌浆采用的水泥浆应优化配合比，宜掺入适量的缓凝高效减水剂。根据不同的水泥浆强度等级要求，其水灰比可为 0.33～0.40。制浆时宜采用高速搅浆机。

（4）预应力筋孔道灌浆前，应切除外露的多余钢绞线并进行封锚。

（5）孔道灌浆时，在灌浆端先将灌浆阀、排气阀全部关闭。在排浆端启动真空泵，使孔道真空度达到－0.08～0.1 MPa。并保持稳定，然后启动灌浆泵开始灌浆。在灌浆过程中，真空泵应保持连续工作，待抽真空端有浆体经过时关闭通向真空泵的阀门，同时打开位于排浆端上方的排浆阀门，排出少许浆体后关闭。灌浆工作继续按常规方法完成。

五、锚具封闭保护

（1）一般要求。

1）后张法预应力筋锚固后的外露部分宜采用机械方法切割。预应力筋的外露长度不宜小于其直径的 1.5 倍，且不宜小于 25 mm。

2）锚具封闭保护应符合设计要求。

3）锚具封闭前应将周围混凝土冲洗干净、凿毛，对凸出式锚头应配置钢筋网片。

4）锚具封闭保护宜采用与构件同强度等级的细石混凝土，也可采用微膨胀混凝土、低收缩砂浆等。

5）无黏结预应力筋锚具封闭前，无黏结筋端头和锚具夹片应涂防腐蚀油脂，并套上塑料帽，也可涂刷环氧树脂。

6）对处于二类、三类环境条件下的无黏结预应力筋与锚具部件的连接以及其他部件之间的连接，应采用密封装置或采取连续封闭措施。

（2）锚头端部处理。

无黏结预应力束通常采用镦头锚具，其外径较大。钢丝束两端留有一定长度的孔道，其直径略大于锚具的外径［图6-32（a）、（b）］，其中塑料套筒供钢丝束张拉时，锚环从混凝土中拉出来用，塑料套筒内的空隙用油枪通过锚环的注油孔注满防腐油，最后用钢筋混凝土圈梁将板端外露锚具封闭。采用无黏结钢绞线夹片或锚具时，张拉后端头钢绞线预留长度应不小于 15 cm，多余部分割掉，并将钢绞线散开打弯，埋在圈梁内进行锚固［图 6-32（c）］。钢丝束张拉锚固以后，其端部便留下孔道，且该部分钢丝没有涂层，必须采取保护措施，防止钢丝锈蚀。

无黏结预应力束锚头端部处理的办法，目前常用的有两种办法：一是在孔道中注入油脂并加以封闭。二是在两端留设的孔道内注入环氧树脂水泥砂浆，将端部孔道全部灌注密实，以防预应力筋发生局部锈蚀。灌筑用环氧树脂水泥砂浆的强度不得低于 35 MPa。灌浆的同时将锚环也用环氧树脂水泥砂浆封闭，既可防止钢丝锈蚀，又可起一定的锚固作用。最后浇筑混凝土或外包钢筋混凝土，或用环氧树脂水泥砂浆将锚具封闭。用混凝土做堵头封闭时，要防止产生收缩裂缝。当不能采用混凝土或环氧树脂水泥砂浆作封闭保护时，预应力筋锚具要全部涂刷防锈漆或油脂，并加其他保护措施。

无黏结筋的固定端可设在构件内。采用无黏结钢丝束时固定端可采用镦头锚板，并用螺栓加强［图 6-33（a）］。如端部无结构配筋，则需配置构造钢筋。采用无黏结钢绞线时，钢绞线在固定端需要散花，可用压花成型［图 6-33（b）、（c）］，放置在设计部位。压花锚亦可用压花机成型。浇筑固定端的混凝土强度等级应大于 C30，以形成可靠的黏结式锚头。

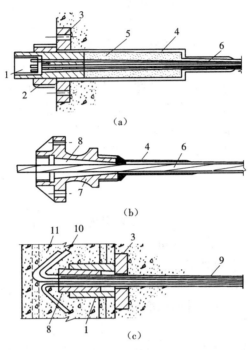

图 6-32　无黏结筋（丝）、钢绞线张拉端处理

1—锚环；2—螺母；3—承压板；4—塑料保护套筒；5—油脂；6—无黏结钢丝束；

7—锚体；8—夹片；9—钢绞线；10—散开打弯钢丝；11—圈梁

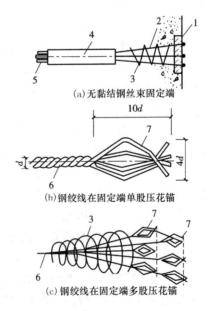

图 6-33　无黏结筋固定端处理

1—锚板；2—钢丝；3—螺栓筋；4—塑料软管；5—无黏结筋钢丝束；

6—钢绞线；7—压花锚

（3）无黏结筋端部处理无黏结筋的锚固区，必须有严格的密封防护措施，严防水汽进入而锈蚀预应力筋。当锚环被拉出后，应向端部空腔内注防腐油脂。灌油后，再用混凝土将板端外露锚具封闭好，避免长期与大气接触造成锈蚀。

固定端头可直接浇筑在混凝土中，以确保其锚固能力，钢丝束可采用镦头锚板，钢绞线可采用挤压锚头或压花锚头，并应待混凝土达到规定的强度后，才能张拉。

挤压锚头（图 6-34）是利用液压压头机将套筒挤紧在钢绞线端头上的一种支承式锚具，套筒采用 45 号钢，不调质，套筒内衬有硬钢丝螺旋圈。锚具下设有钢垫板与螺旋筋。这种锚具适用于构件端部的设计力大或端部受到限制的情况。

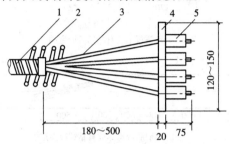

图 6-34　挤压锚具、钢垫板与螺旋筋
1—波纹管；2—螺旋筋；3—钢绞线；4—钢垫板；5—挤压锚具

压花锚头（图 6-35）是利用液压压花机将钢绞线端头压成梨形散花头的一种黏结式锚具。多根钢绞线梨形头应分排埋置在混凝土内。为增强压花锚头四周混凝土及散花头根部混凝土的抗裂度，在散花头头部可配置构造筋，在散花头根部配置螺旋筋。

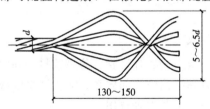

图 6-35　压花锚头

无黏结短束固定端锚固可分为用锚板形成有黏结级固定端和用钢筋弯钩形成有黏结级固定端两种锚固形式如图 6-36 所示。

六、质量要求

（1）孔道灌浆的质量要求。

1）后张法有黏结预应力筋张拉后应尽早进行孔道灌浆，孔道内水泥浆应饱满、密实。

2）灌浆用水泥浆的水灰比不应大于 0.45，搅拌后 3 h 泌水率不宜大于 2%，且不应大于 3%。泌水应能在 24 h 内全部重新被水泥浆吸收。

3）灌浆用水泥浆的抗压强度不应小于 30 N/mm^2。

（2）锚具封闭保护质量要求。

锚具的封闭保护应符合设计要求；当设计无具体要求时，应符合下列规定：

1）应采取防止锚具腐蚀和遭受机械损伤的有效措施；

2）凸出式锚固端锚具的保护层厚度不应小于 50 mm；

3）外露预应力筋的保护层厚度，处于正常环境时，不应小于 20 mm；处于易受腐蚀的环境时，不应小于 50 mm。

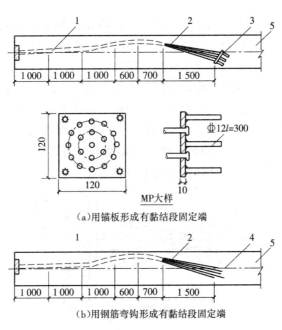

图 6-36　无黏结短束固定端锚固图

1-无黏结段；2-有黏结段；3-MP 锚板；4-弯钩；5-构件

第六节　体外预应力施工

一、体外预应力体系的构成

（1）体外预应力体系由预应力筋、外套管、防腐蚀材料和锚固体系组成。主要体系有单根无黏结钢绞线体系、多根有黏结预应力筋体系、无黏结钢绞线束多层防腐蚀体系等，可根据结构特点、体外束作用、防腐蚀要求等选用。

（2）体外束的预应力筋应满足下列要求。

1）预应力筋的性能应符合设计要求。

2）折线预应力筋还应按偏斜拉伸试验方法确定其力学性能。体外束预应力筋可选用镀锌预应力筋、无黏结钢绞线、环氧涂层钢绞线等。

（3）体外束的外套管应满足下列要求。

1）外套管和连接接头应完全密闭防水，在使用期内应有可靠的耐久性。

2）外套管应能抵抗运输、安装和使用过程中所受的各种作用力，不得损坏。

3）外套管应与预应力筋和防腐蚀材料具有兼容性。

4）在建筑工程中，尚应符合设计要求的耐火性。体外束的外套管，可选用高密度聚乙烯管（HDPE）或镀锌钢管。钢管壁厚宜为管径的 1/40，且不应小于 2 mm。HDPE 管壁厚：对波纹管不宜小于 2 mm，对光圆管不宜小于 5 mm。

（4）体外束的防腐蚀材料应满足下列要求。

1）水泥基灌浆料在施工过程中应填满外套管，连续包裹预应力筋全长，并使气泡含量最小；套管应能承受 1.0 MPa 的内压。

2）工厂制作的体外束防腐蚀材料，在加工制作、运输、安装和张拉等过程中，应能保持稳定性、柔性和无裂缝，并在所要求的温度范围内不流淌。

3）防腐蚀材料的耐久性能应与体外束所处的环境类别和相应设计使用年限的要求相一致。

（5）体外束的锚固体系必须与束体的形式和组成相匹配，可采用常规后张锚固体系或体外束专用锚固体系，其性能应符合设计要求。对于有整体调束要求的钢绞线夹片锚固体系，可采用锚具外螺母支撑承力方式。对低应力状态下的体外束，其锚具夹片应装有防松装置。

二、束的布置

（1）根据结构设计需要，体外预应力束可选用直线、双折线或多折线布置方式。

（2）体外预应力束的锚固点，宜位于梁端的形心线以上。对多跨连续梁采用多折线多根体外束时，可在中间支座或其他部位增设锚固点。

（3）对多折线体外束，弯折点宜位于距梁端 $1/4 \sim 1/3$ 跨度的范围内。体外束锚固点与转向块之间或两个转向块之间的自由段长度不宜大于 5 m；超过该长度时宜设置防振动装置。

（4）体外预应力束布置应使结构对称受力，对矩形或工字形梁，体外束应布置在梁腹板的两侧。对箱形梁，体外束应布置在梁腹板的内侧。体外预应力束也可作为独立的受拉单元使用（如张弦梁等）。

（5）体外束在每个转向块处的弯折角不宜大于 $15°$，转向块鞍座处最小曲率半径宜按表6-9取用。体外束与鞍座的接触长度由设计计算确定。

表 6-9　体外束最小曲率半径

钢绞线束	最小曲率半径（m）
7Φ^s15.2	2.0
12Φ^s15.2	2.5
19Φ^s15.2	3.0
37Φ^s15.2	4.0

（6）体外预应力束与转向块之间的摩擦系数 μ 可按表6-10取值。

表 6-10　转向块处摩擦系数

体外束套管	摩擦系数 μ
镀锌钢管	$0.20 \sim 0.25$
HDPE 塑料管	$0.15 \sim 0.20$
无黏结预应力筋	$0.08 \sim 0.12$

三、施工和防护

（1）体外束的锚固区和转向块应与主体结构同时施工。预埋锚固件与管道的位置和方向应严格符合设计要求，混凝土必须精心振捣，保证密实。

（2）体外束的制作应保证束体的耐久性等要求，并能抵抗施工和使用中的各种外力作用。当有防火要求时，应涂刷防火涂料或采取其他可靠的防火措施。

（3）体外束外套管的安装应保证连接平滑和完全密闭。束体线形和安装误差应符合设计和施工要求。在穿束过程中应防止束体护套受机械损伤。

（4）在混凝土梁加固工程中，体外束锚固端的孔道可采用静态开孔机成型。在箱梁底板加固工程中，体外束锚固块的做法可开凿底板植入锚筋，绑焊钢筋和锚固件，再浇筑端块混凝土。

（5）在钢结构中，张拉端锚垫板应垂直于预应力筋中心线，与锚垫板接触的钢管与加劲肋端切口的角度应准确，表面应平整。锚固区的所有焊缝应符合现行国家标准《钢结构设计规范》（GB 50017－2003）的规定。

（6）钢结构中施加的体外预应力，应验算施工过程中的预应力作用，制定可靠的张拉工序，并经设计人员确认。

（7）体外束的张拉应保证构件对称均匀受力，必要时可采取分级循环张拉方式。在构件加固中，如体外束的张拉力小，也可采取横向张拉或机械调节方式。

（8）体外束在使用过程中完全暴露于空气中，应保证其耐久性。对刚性外套管，应具有可靠的防腐蚀性能，在使用一定时期后应重新涂刷防腐蚀涂层；对高密度聚乙烯等塑料外套管，应保证长期使用的耐老化性能，必要时应更换。

（9）体外束的锚具应设置全密封防护罩，对不可更换的体外束，可在防护罩内灌注水泥浆或其他防腐蚀材料；对可更换的体外束应保留必要的预应力筋长度，在防护罩内灌注油脂或其他可清洗的防腐蚀材料。

体外预应力施工的构造要求

（1）体外束的锚固端宜设置在梁端隔板或腹板外凸块处，应保证传力可靠，且变形符合设计要求。

（2）体外束的转向块应能保证预应力可靠地传递给结构主体。在矩形、工字形或箱形截面混凝土梁中，可采用通过隔梁、肋梁或独立的转向块等型式实现转向。转向块处的钢套管鞍座应预先弯曲成型，埋入混凝土中。

（3）对不可更换的体外束，在锚固端和转向块处与结构相连的固定套管可与束体外套管合并为一个套管。对可更换的体外束，在锚固端和转向块处与结构相连的鞍座套管应与束体的外套管分离且相对独立。

（4）混凝土梁加固用体外束的锚固端构造可采用下列做法。

1）采用钢板箍或钢板块直接将预应力传至框架柱上。

2）采用钢垫板先将预应力传至端横梁，再传至框架柱上；必要时可在端横梁内侧粘贴钢板并在其上焊圆钢，使体外束由斜向转为水平向。

（5）混凝土梁加固用体外束的转向块构造可采用下列做法。

1）在梁底部横向设置双悬臂的短钢梁，并在钢梁底焊圆钢或带有圆弧曲面的转向垫块。

2）在梁两侧的次梁底部设置半圆形 U 形钢卡。

（6）钢结构中的体外束锚固端构造可采用锚固盒、锚垫板和管壁加劲肋、半球形钢壳体等形式。体外束弯折处宜设置鞍座，在鞍座出口处应形成圆滑过渡。

第七节　拉索预应力施工

一、制作及安装

（1）拉索制作方式可分为工厂预制和现场制造。扭绞型平行钢丝拉索应采用工厂预制，其制作应符合相关产品标准的要求。钢绞线拉索和钢棒拉索可以预制，也可在现场组装制作，其索体材料和锚具应符合相关标准的规定。

（2）拉索进场前应进行验收，验收内容包括外观质量检查和力学性能检验，检验指标按相应的钢索和锚具标准执行。对用于承受疲劳荷载的拉索，应提供抗疲劳性能检测结果。

（3）工厂预制拉索的供货长度为无应力长度。计算无应力长度时，应扣除张拉工况下索体的弹性伸长值。对索膜结构、空间钢结构的拉索，应将拉索与周边承力结构做整体计算，既要考虑边缘承力结构的变形，又要考虑拉索张拉伸长后确定的拉索供货长度。

（4）现场制索时，应根据上部结构的几何尺寸及索头形式确定拉索的初始长度。现场组装拉索时，应采取相应措施，保证拉索内各股预应力筋平行分布。

（5）拉索在整个制造和安装过程中，应预防腐蚀、受热、磨损和避免其他有害的影响。

（6）拉索安装前，对拉索或其组装件的所有损伤都应进行鉴定和补救。损坏的钢绞线、钢棒或钢丝均应更换。受损的非承载部件应加以修补。

（7）拉索的安装应符合整体工程对拉索的安装程序要求，计算每根拉索的安装索力和伸长量。拉索安装程序中应包括拉索安装时考虑的实际施工荷载和受力条件。安装工艺应满足设计要求的该工况下的初始态索力。

（8）索夹安装时，应满足各施工阶段索夹拼装螺栓的拧紧力矩要求。

拉索预应力施工的体系构造

（1）预应力拉索可采用钢丝拉索体系、钢绞线拉索体系或钢棒拉索体系。钢丝拉索、钢绞线拉索可用于不同长度、不同索力和不同工作环境条件下的拉索体系；单根防腐蚀钢绞线组成的群锚拉索适用于小型设备高空作业；钢棒拉索可用于室内或室外拉索体系。

（2）拉索体系由拉索体、两端锚固头、减振装置和传力节点等组成。

（3）钢丝拉索索体应由有良好防腐蚀的涂层钢丝$\Phi^p 5$、$\Phi^p 7$一次扭绞成型，绞合角为$2° \sim 4°$，索体上热挤高密度聚乙烯塑料等防护层，两端装铸锚索头并进行预拉，形成扭绞型平行钢丝拉索体系。

（4）钢绞线拉索索体应由有良好防腐蚀的涂层钢绞线$\Phi^s 15.2$、$\Phi^s 12.7$制作。钢绞线拉索固定端可采用挤压锚；张拉端可采用夹片锚，锚板外应配螺母以便整体微调索力，夹片处应有特殊的防松装置。

（5）钢棒拉索可采用镀层保护的优质碳素结构钢或不锈钢钢棒分段制成定长索体。每段钢棒两端配以螺纹，可与接长套筒或锚头连接。拉索的连接接头、端部锚固头可采用优质碳素钢制作后镀层或涂层保护，也可采用不锈钢制作。

（6）减振装置采用专用橡胶减振器制成，其性能应符合相应的产品标准；减振装置也可采用特殊阻尼索制成。减振装置的设置，应根据拉索的支座距离、疲劳荷载、风振影响等因素确定。

（7）拉索端部索头传力构造宜由建筑外观、结构受力、施工安装、索力的准确建立和调整、换索等多种因素确定，可采用如图 6-37 所示的群锚夹片索头、螺母承压铸锚索头、单双耳铸锚固定索头、铸铀双螺杆可调索头、铸锚正反和套筒可调索头、铸锚单螺杆可调索头等几种方式及其组合。

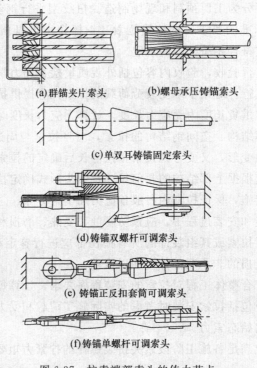

(a)群锚夹片索头　　(b)螺母承压铸锚索头

(c)单双耳铸锚固定索头

(d)铸锚双螺杆可调索头

(e)铸锚正反扣套筒可调索头

(f)铸锚单螺杆可调索头

图 6-37　拉索端部索头的传力节点

（8）对要求准确建立索力值或大吨位索力值的拉索张拉端，宜选用双螺杆调节或螺母承压的索头形式；对要求大距离调节张拉引伸鼻的拉索张拉端，宜选用群锚夹片锚固和双螺杆调节索头形式。对固定在行人近距离视线范围内的拉索张拉端，或索力允许有一定偏差时，宜选用正反打螺纹套筒双调节或单螺杆调节的单耳或双耳索头；对拉索的固定端，可选择铸锚固定索头或螺母承压铸锚索头。

（9）拉索中间传力构造应根据设计要求确定，可采用特制传力索夹。当索夹与索体有抗滑移要求时，应对索夹内表面做特殊处理，必要时经试验确定。对室外用索夹，应注意防止索夹损伤索的防护套。

二、张拉和索力调整

（1）预制的拉索应进行整体张拉。由单根钢绞线组成的群锚拉索可逐根张拉。

（2）拉索可根据布置在结构中的不同形式、不同作用和不同位置采取不同的方式进行张拉。对拉索施加预应力可采用液压千斤顶直接张拉方法，也可采用结构局部下沉或抬高、支座位移等方式对拉索施加预应力，还可沿与拉索正交的横向牵拉或顶推对拉索施加预应力。

（3）预应力索拱结构的拉索张拉应验算张拉过程中结构平面外的稳定性，平面索拱结构宜在单元结构安装到位和单元间联系杆件安装形成具有一定空间刚度的整体结构后，将拉索张拉至设计索力。倒三角形拱截面等空间索拱结构的拉索可在制作拼装台座上直接对索拱结构单元进行张拉。张拉中应监控索拱结构的变形。

（4）预应力索系和索网结构的拉索张拉，应综合考虑边缘支承构件、索力和索结构刚度间的相互影响和相互作用，对承重索和稳定索宜分阶段、分批、分级，对称均匀地循环施加张拉力。必要时选择对称区间，在索头处安装拉压传感器，监控循环张拉索的相互影响，并作为调整索力的依据。

（5）空间钢网架和网壳结构的拉索张拉，应考虑多索分批张拉相互间的影响。单层网壳和厚度较小的双层网壳拉索张拉时，应注意防止整体或局部网壳失稳。

（6）吊挂结构的拉索张拉，应考虑塔、柱、刚架和拱架等支撑结构与被吊挂结构的变形协调和结构变形对索力的影响。必要时应做整体结构分析，决定索的张拉顺序和程序，每根索应施加不同的张拉力，并计算结构关键点的变形量，以此作为主要监控对象。

（7）其他新结构的拉索张拉，应考虑预应力拉索与新结构共同作用的整体结构有限元分析计算模型，采用模拟索张拉的虚拟拉索张拉技术，进行各种施工阶段和施工荷载条件下的组合工况分析，确定优化的拉索张拉顺序和程序，以及其他张拉控制的技术参数。

（8）拉索张拉时应计算各次张拉作业的拉力和伸长量。在张拉中，应建立以索力控制为主或结构变形控制为主的规定。对拉索的张拉，应规定索力和伸长量的允许偏差或结构变形的允许偏差。

（9）拉索张拉时可直接用千斤顶与配套校验的压力表监控拉索的张拉力。必要时，另用安装在索头处的拉压传感器或其他测力装置同步监控拉索的张拉力。

（10）每根拉索张拉时都应做好详细记录。记录应包括：测量记录、日期、时间和环境温度、索力、拉索伸长和结构变形的测量值。

（11）索力调整、位移标高或结构变形的调整应采用整索调整方法。

（12）索力、位移调整后，对钢绞线拉索夹片锚具应采取防松措施，使夹片在低应力动载荷下不松动。对钢丝拉索索端的铸锚连接螺纹、钢棒拉索索端的锚固螺纹应检查螺纹咬合丝扣数量和螺母外侧丝扣长度是否满足设计要求，并应在螺纹上加装防松装置。

三、防护要求

（1）对室外拉索体系应采取可靠的防腐蚀措施和耐老化措施，对室内拉索体系应采取可靠的防火措施和相应的防腐蚀措施。

拉索体系防腐蚀包括索体防腐蚀、锚固区防腐蚀和传力节点防腐蚀。拉索索体根据所处的使用环境可组合选用下列防腐蚀方式。

1）钢丝镀层加整索挤塑护套。

2）单根钢绞线镀（涂）层。

3）单根钢绞线镀（涂）层加挤塑护套。

4）单根钢绞线镀（涂）层加整索高密度聚乙烯护套。

（2）锚固区锚头按机械零件标准采用镀层防腐蚀，对可换索锚头应灌注专用防腐蚀油脂防护，锚固区与索体应全长封闭。室外拉索的下锚固区应采取设置排水孔或在承压螺母上开设排水槽等排水措施。

（3）传力节点按机械零件标准采用镀层防腐蚀或定期涂刷防腐蚀涂料。

（4）当拉索体系中外露的塑料护套有耐老化要求时，应在制作时采用双层塑料，内层添加抗老化剂和抗紫外线成分，外层满足建筑色彩要求。

（5）当拉索体系中外露的塑料护套有防火要求时，应在塑料护套中添加阻燃材料或外涂满足塑料防火要求的特殊涂料。外露的索体、锚头和传力节点应涂刷防火涂料。

四、维护和监测

（1）对作为结构主承重部件并可能影响到结构安全的拉索，应建立完整的拉索施工记录，加强使用阶段的维护和监测。

（2）拉索施工单位，宜在施工完成后将拉索体系使用阶段的维护、监测要求和建议提交给建设单位。在拉索使用一定时间后，宜由拉索施工单位协助进行拉索的安全性检查。

第八节　施工管理

一、施工方案

（1）预应力专业施工单位应在建设单位主持下会同设计单位、施工单位和监理单位对预应力工程图样进行会审，了解设计意图和掌握技术要点、难点。

（2）预应力分项工程施工方案应包括下列内容。

1）工程概况、施工顺序、工艺流程。

2）预应力施工方法，包括预应力筋制作、孔道留设、预应力筋安装、预应力筋张拉、孔道灌浆和封锚等。

3）材料采购和检验、机械配备和张拉设备标定。

4）施工进度和劳动力安排、材料供应计划。

5）有关工序（模板、钢筋、混凝土、水电等）的配合要求。

6）施工质量要求和质量保证措施。

7）施工安全要求和安全保证措施。

8）施工现场管理机构；预应力筋竖向坐标和锚固端构造详图。对重要的预应力施工计算，应列入附录。

（3）预应力分项工程施工方案应由预应力专业施工单位技术负责人审核，施工总包单位审定，监理单位批准后实施。

二、工序配合要求

（1）多层和高层现浇预应力混凝土楼面结构的施工顺序，应根据平面尺寸、施工速度、气候条件等选用逐层浇筑、逐层张拉，数层浇筑、顺向张拉和数层浇筑、逆向张拉方案。采用数层浇筑、顺向张拉时，上层结构的混凝土强度应达到 C15。

（2）大面积单层和多层现浇预应力混凝土楼面结构的施工段划分，应根据结构平面布置特点和约束情况、超长预应力筋施工和预应力损失、大面积混凝土施工和收缩变形，以及模板与支架投入量等确定。施工顺序宜从中间施工段开始向两侧拓展，这样可减少预应力筋张拉时受周围结构的约束。

（3）模板安装和拆除的配合应符合下列要求。

1）对现浇预应力结构的支架体系，应制定合理的搭设方案，并进行力学验算。

2）现浇预应力混凝土梁、板底模的起拱高度宜取全跨度的 0.5%～1%。

3）现浇预应力梁的一侧模板应在金属波纹管铺设后安装。梁的端模应在端埋件安装后封闭。

4）现浇预应力梁的侧模宜在预应力筋张拉前拆除。底模支架的拆除应按施工技术方案执行；当无具体要求时应在预应力筋张拉及灌浆强度达到 15 MPa 后拆除。

（4）钢筋安装的配合应符合下列要求。

1）柱的竖向钢筋和梁的负弯矩钢筋应严格按预应力梁柱节点构造详图中的位置安装，并留出锚垫板的安装空间。

2）普通钢筋安装时应避让预应力筋孔道；当避让不开必须切割受力钢筋时，应征得设计单位同意。梁腰筋间的拉筋应在金属波纹管安装后绑扎。

3）敷设的各种管线不应将无黏结预应力筋的竖向位置抬高或压低。

4）金属波纹管或无黏结预应力筋铺设后，其周围不得进行电焊作业；如有必要，则应采取防护措施。

（5）混凝土浇筑的配合应符合下列要求。

1）混凝土浇筑时，应防止振动器触碰金属波纹管、无黏结预应力筋和端埋件等。

2）混凝土浇筑时，不得踏压撞碰无黏结预应力筋、支撑架等。

3）张拉端和固定端区域的混凝土必须振捣密实。

4）预应力梁板混凝土浇筑时，应多留置 1～2 组混凝土试块，并与梁板同条件养护，在预应力筋张拉前试压。

5）施加预应力时临时断开的部位，在预应力筋张拉后，即可浇筑混凝土。

6）预应力混凝土楼（屋）面结构后浇带的留置时间应符合设计要求；当设计无具体要求时，应根据后浇带处预应力筋布置和张拉要求，以及混凝土强度和拆模需要等综合确定。

三、安全措施

（1）预应力筋下料时应防止钢绞线弹出伤人，尤其是原包装钢绞线放线时宜用放线架约束，近距离内不得有其他人员。

（2）预应力施工时应搭设可靠的操作平台。对原有脚手架应检查是否安全，铺板应牢靠。在悬挑部位进行作业的人员应佩带安全带。

（3）预应力筋或拉索安装时，应防止预应力筋或拉索甩出或滑脱伤人。

（4）预应力施工作业处的竖向上、下位置严禁其他人员同时作业；必要时应设置安全护栏和安全警示标志。

（5）张拉设备使用前，应清洗工具锚夹片，检查齿形有无损坏，保证有足够的夹持力。

（6）预应力筋张拉时，其两端正前方严禁站人或穿越，操作人员应位于千斤顶侧面。

（7）在油泵和灌浆泵等工作过程中，操作人员不得离开岗位。

（8）所有电气设备使用前应进行安全检查，及时更换或消除隐患；意外停电时，应立即关闭电源开关。严防电气设备受潮漏电。

（9）电焊时操作人员应戴安全面罩，其他人员不能直视强光。

（10）孔道灌浆时应保护操作人员的眼睛和皮肤，避免接触水泥浆。

（11）在电焊、气割等涉及明火的作业时和作业结束后，应采取防火措施。

（12）预应力施工人员应遵守建筑工地有关安全生产的规定。

安全生产的规定

"安全第一、预防为主"是建筑施工中安全生产的基本方针，必须严格贯彻执行。每一个操作人员应遵循"不伤害自己，不伤害他人，不被他人伤害"的原则，严格遵守施工现场一切安全规定，并积极做好各项安全防治工作。预应力工程的安全施工，不但要求预应力施工人员严格遵守本节的预应力安全规定，重要的是还应服从总包单位的安全管理。特别是预应力施工时往往会与其他工种形成立体交叉作业，相互间的安全施工应由总包单位进行协调。

四、质量控制

（1）预应力分项工程应严格按工程图样和施工方案进行施工。因特殊情况需要变更，应经监理单位批准后方可实施。

（2）预应力分项工程施工前应由项目技术负责人向有关施工人员进行技术交底，并在施工过程中检查执行情况。

（3）预应力分项工程项目负责人、施工人员和技术工人应持证上岗。

（4）预应力分项工程施工应遵循有关的规定，并具有健全的质量管理体系、施工质量控制和质量检验制度。

（5）预应力分项工程施工质量应由施工班组自检、施工单位质量检查员抽查及监理工程师监控等三级把关；对后张预应力筋的张拉质量，应做到见证记录。

对后张法实行见证张拉。见证张拉是指预应力筋张拉时，监理工程师或建设单位代表在现场监督检查张拉过程是否按施工方案进行，张拉参数是否满足要求等。见证张拉后，见证各方应在张拉记录上签字认可。对预应力筋束形（孔道）竖向坐标检查记录表、预应力筋张拉记录表、预应力孔道灌浆记录表，相关规范没有统一规定，由各单位自行选用。

五、质量验收

（1）预应力分项工程施工质量验收应按《混凝土结构工程施工质量验收规范》（GB 50204—2002）执行。

（2）预应力分项工程根据预应力材料类别，可划分为预应力筋、波纹管、水泥等检验批和锚具检验批。原材料的批量划分、质量标准和检验方法应符合国家现行产品标准和有关规定。

（3）预应力分项工程根据施工工艺流程，可划分为制作及安装、张拉、灌浆及封锚等三个检验批。每个检验批的范围，可按楼层、结构缝或施工段划分。

（4）预应力施工检验批的质量验收，应由监理工程师组织施工单位（含分包单位）项目检查员进行，并按预应力分项工程检验批质量验收统一用表做出记录。

（5）检验批合格质量应符合下列规定。

1）主控项目和一般项目的质量经抽样检验合格；当采用计数检验时，主控项目和一般项目的合格点率均应达到规定要求。

2）具有完整的施工操作依据和质量检查记录。

（6）预应力分项工程的验收应由监理工程师组织施工单位（含分包单位）项目技术负责人进行，并按预应力分项工程质量验收统一用表做出记录。对重要工程，设计单位设计人员宜参与验收。

（7）预应力分项工程质量验收合格应符合下列规定。

1）分项工程所含的检验批均符合合格质量的规定。

2）分项工程验收资料完整并符合验收要求。

（8）预应力分项工程质量验收时应提供下列文件和记录。

1）预应力分项工程的设计变更文件。

2）预应力施工方案及有关变更记录。

3）预应力筋（孔道）竖向坐标、预应力筋锚固端构造等详图。

4）预应力材料（预应力筋、锚具、波纹管、灌浆水泥等）质量证明书。

5）预应力筋和锚具等进场复验报告。

6）张拉设备配套标定报告。

7）预应力筋（孔道）竖向坐标检查记录。

8）预应力筋张拉见证记录；孔道灌浆及封锚记录、水泥浆试块强度试验报告。

9）检验批质量验收记录。

（9）对每一检验批的检查数量与检验方法应按现行国家标准《混凝土工程施工质量验收规范》（GB 50204－2002）执行。

参考文献

[1] 中华人民共和国建设部，中华人民共和国国家质量监督检验检疫总局．GB 50017—2003 钢结构设计规范 ［S］．北京：中国计划出版社，2003.

[2] 中华人民共和国建设部，中华人民共和国国家质量监督检验检疫总局．GB 50204—2002 混凝土结构工程施工质量验收规范 ［S］．北京：中国建筑工业出版社，2002.

[3] 中华人民共和国住房和城乡建设部．JGJ 18—2012 钢筋焊接及验收规程 ［S］．北京：中国建筑工业出版社，2012.

[4] 中华人民共和国住房和城乡建设部．JGJ 107—2010 钢筋机械连接技术规程 ［S］．北京：中国建筑工业出版社，2010.

[5] 傅钟鹏．钢筋混凝土构件实用施工计算手册 ［M］．北京：中国建筑工业出版社，1994.

[6] 赵永安．钢筋工手册 ［M］．太原：山西科学技术出版社，2005.